THE GREATEST HAPPINESS WOMEN ARE THOSE WHO
CAN TALK, ACT AND UNDERSTAND PSYCHOLOGY

会说话、会办事、懂心理的
女人最幸福

康妲　编著

吉林文史出版社
JILINWENSHICHUBANSHE

图书在版编目（CIP）数据

会说话、会办事、懂心理的女人最幸福 / 康姐编著
. -- 长春：吉林文史出版社，2019.7
ISBN 978-7-5472-6349-5

Ⅰ. ①会… Ⅱ. ①康… Ⅲ. ①女性—成功心理—通俗
读物 Ⅳ. ① B848.4-49

中国版本图书馆 CIP 数据核字（2019）第 135597 号

书　　名	HUI SHUOHUA HUI BANSHI DONG XINLI DE NÜREN ZUI XINGFU 会说话、会办事、懂心理的女人最幸福	
编　　著	康　姐	
责任编辑	高冰若	
封面设计	末末美书	
出版发行	吉林文史出版社	
地　　址	长春市福祉大路 5788 号	邮编：130118
网　　址	www.jlws.com.cn	
印　　刷	北京德富泰印务有限公司	
开　　本	880mm×1230mm　1/32	
印　　张	6	
字　　数	130 千	
版　　次	2019 年 7 月第 1 版　2019 年 7 月第 1 次印刷	
书　　号	ISBN 978-7-5472-6349-5	
定　　价	35.00 元	

THE GREATEST HAPPINESS WOMEN ARE THOSE WHO
CAN TALK, ACT AND UNDERSTAND PSYCHOLOGY

会说话、会办事、懂心理的
女人最幸福

康妲　编著

吉林文史出版社
JILINWENSHICHUBANSHE

图书在版编目（CIP）数据

会说话、会办事、懂心理的女人最幸福 / 康妲编著
. -- 长春：吉林文史出版社，2019.7
ISBN 978-7-5472-6349-5

Ⅰ.①会… Ⅱ.①康… Ⅲ.①女性—成功心理—通俗
读物 Ⅳ.① B848.4-49

中国版本图书馆 CIP 数据核字（2019）第 135597 号

HUI SHUOHUA HUI BANSHI DONG XINLI DE NÜREN ZUI XINGFU

书　　名	会说话、会办事、懂心理的女人最幸福
编　　著	康　妲
责任编辑	高冰若
封面设计	末末美书
出版发行	吉林文史出版社
地　　址	长春市福祉大路 5788 号　　　邮编：130118
网　　址	www.jlws.com.cn
印　　刷	北京德富泰印务有限公司
开　　本	880mm × 1230mm　1/32
印　　张	6
字　　数	130 千
版　　次	2019 年 7 月第 1 版　2019 年 7 月第 1 次印刷
书　　号	ISBN 978-7-5472-6349-5
定　　价	35.00 元

　　到底女人怎么样才能获得幸福，这个问题历来都是人们热衷于讨论的。有人认为衣食无缺就是幸福，因为那是平凡的人最基本的需要；有人认为形象光鲜就是幸福，因为可以得到更多人的羡慕和关爱；有人认为感情甜美就是幸福，因为情感状态主导了人的生命感受；有人觉得儿女双全就是幸福，因为那是后半生的主要寄托；还有人觉得追求人生的理想就是幸福，因为人就是为了实现梦想而活的……这些说法看起来各有各的道理，但似乎又都缺了点儿什么。我们认为，不妨设立一个简单的标准来概括什么是女人的幸福，那就是女人在其整个生活历程里能够最大化地体验开心、愉悦的生命过程，就是幸福的。

　　影响女人幸福感的主体因素可以归结为三个主要方面：那就是会说话、会办事和懂心理。这样归纳的原因是，首先人是社会的人，是以个体同他人紧密联系在一起的形式而存在的，在这个命运共同体中的女人，其幸福感实际上取决于主体同其他人的沟通状况，人和人之间的关系融洽了、和谐了，幸福感就会随之而来。在这三个主要方面里，懂心理无疑是另外二者的基础，它是连接主体与他人心灵之间的桥梁，而会说话和会办事是基于沟通理解的基础之上的。这两个方面其实也是互为一体，说话包含了办事的内容，办事也必须通过说话来实现。

然而这三方面的因素固然重要，但还只是从量上影响女人的幸福感，而决定幸福的本质其实是女人内在的心灵。黑格尔说"美是理念的感性显现"，就是说人一切的外在表现都是基于心灵的状态，包含心态、观念等内涵。心灵就像一把标尺：它认为看一本书是幸福，那就算得到一栋房子也感受不到幸福；它认为和爱人去旅行是幸福，那就算得到一辆豪车也感受不到幸福。再打个比方，主体的心态和观念就是一盘肉汤里的肉，而会说话、会办事、懂心理就像各种汤料，它们可以让肉汤变得鲜美，但人终究吃的还是肉。

说到这里，女性朋友们大概应该明白了，其实所谓的幸福感，所谓的开心、愉悦的生命体验，都是由我们自己的心态与观念决定的，幸福的标杆是主体自己设定的。所以人们常说的"幸福就在身边，幸福就在一念之间"，就是指的这个意思。但幸福也不是空泛的概念，它还是通过各种具体的生活过程来实现的，散落在生活的点点滴滴里。这也解释了为什么幸福无法定义，因为它实际上是分散的点的集合，它需要根据具体情况来进行具体的分析和解读。而本书正是将这些分散的点按照八大章节六十个小节的分类，逐一抽丝剥茧地奉献给读者，希望能给追寻幸福生活的女性读者们提供一些参考。

本书从影响女人和他人进行沟通交流的具体言语行为入手，探讨女人获取幸福的方法，包含善言、幽默和赞美三个关键词，继而深入分析和探讨关于宽容、乐观与让步这三个核心观念，最后结束于对他人形象和情绪的心理解读上，全书结合相关生活案例进行演绎和推导，试图为正在寻求通向幸福之路的女性朋友们提供参考和启示。本书在结构上分为三个层次，第一章到第三章是对沟通交流的语言艺术进行分析解读，第四章到第六章是关于女人心灵状态的详细阐释，第七章和第八章是对他人的心理解读。

本书在风格上属于理性与感性、科学性与实用性的平衡与结合，并以大量实际案例作为基础，通过理性分析与感性解读来揭示其内在含义。从现实世界里的利益与纠葛上升到精神层面的生命纯粹感受，从理性出发但最终回归感性与精神的家园。本书主张强调破除陈腐旧套，以探索和揭示幸福内在的本质与规律，探求生命最终的意义与价值为目标。

本书适合那些走在寻找幸福之路上的女性，或对人生、对生命的意义仍抱有疑惑的女性朋友们阅读，她们也许因为某些原因，对幸福人生的见解或看法有失客观或过于随波逐流，正需要此书所提供的各类案例的启示以及相关解读的引导。就像这本书的标题——《会说话、会办事、懂心理的女人最幸福》，写作本书的出发点是辅助女性朋友们走向幸福之路，而绝非提供寻找世俗利益的秘籍。因此本书也力图摒弃以往同种类图书的说教套路，而是采用以人为本、以生命的本源价值为本、以宽容的人文关怀为本的思路，愿天下的女人都能够找到自己的幸福，品尝到纯粹幸福的快乐。

第一章

口吐善言，传播语言的正能量 // 1

第二章

说俏皮话，幽默的女人最迷人 // 27

口吐善言，传播语言
的正能量

正能量之所以称"正"，是因为它是一种催人奋进、给人希望的力量。所谓的"善言"，从字面意思来理解就是"善良的语言"。女人要学会说善言，它不仅可以传递给他人友好、亲切的信号，还能给周围的人带去满满的正能量。善言体现的是友善、热情的态度，包括善意的谎言、安慰的话、感激的话、多用"我们"说话、欲扬先抑的话等。

友善的言语让你更受他人欢迎

"幸福的秘诀是让你的兴趣尽量扩大，让你对人对物的反应尽量倾于友善。"早在一百年前，哲学家罗素就精辟地揭示了追寻幸福的奥秘，不外乎是一方面丰富自身的生活，一方面善意地对待周围的人和事。这道理看起来朴实无华，却蕴含了深刻的内涵。

幸福感到底是什么，这是个众说纷纭的问题。有的人认为是物质方面的丰富，有的人认为是拥有让人羡慕的地位和身份，还有的人认为是情感方面的富有与充实。这些听上去都有各自的道理，但又好像都差了点儿什么。其实，幸福感不过就是当下的快乐感受，就是我们在生活过程中体会到的开心与愉悦。

但是，幸福的感受往往不是个人独自创造的，人是社会中小小的一分子，个体的快乐往往需要互相给予。当我们与周围的人友善而亲切地交谈时，那轻松、惬意的舒畅感自然会带来如沐春风、如饮甘泉的美好；反之，针锋相对、恶语相向的怨气只会带给人烦恼与痛苦。走在寻找幸福之路上的女人只需善待周围的人，用友善、亲切的言语为他人带去春风般的温暖，自然会受到他人的欢迎和喜爱，幸福感就随之而来了。

上班时间挤公交的紧张与凌乱是很多人都体验过的，睡眼惺忪地拖着还没有完全苏醒的身体，互相碰撞着挤在有限的空间里，负面情绪也就随时可能爆发。晓露在车上也像不倒翁一样随着汽车的颠簸而前俯后仰，不想司机一个急刹车，晓露跟跄了一下，结果踩到了后面一位大妈的脚，晓露赶紧向对方道歉。

这位大妈却不依不饶，好像找到了情绪的释放口一样，恶声恶气地说道："你难道没长眼睛吗？看不到后面有人啊！"晓露深吸了一口气，微笑着温柔地说："大妈您的脚没事吧，看您那么有精气神儿的，为什么要恶语伤人呢？"这位大妈本来拉开了架势准备大吵一场，发泄一下胸中的无明业火，不想对方以德报怨、善意回复，心里颇有些过意不去。

于是大妈恢复了正常的语调："挤公交太烦心了，昨天头痛又没睡好觉。"于是两人聊了起来，下车的时候她们已经像是朋友了，互相道了祝福的话语，还留下了联系方式。相信她们这一天的工作也会舒心、畅意许多。这也许就是友善言语的魔法吧，瞬间就可以化干戈为玉帛。

有人觉得与人为善，说出友善亲切的语言都是为他人好，为别人送温暖，好像自己只是付出者，并不是直接享受幸福感的人。实际上并非如此，人生在世并不是独立的，而是与万事万物、大自然为一体的，每个人的喜怒哀乐都与其他人息息相关，所有人在一起形成一个整合的命运共同体。你对别人的好，会自然而然地反馈到自身，你对他人的善意，也会回馈给你自己。事实上，你在付出爱与关怀的过程中，本身就已经体验到了十足的幸福感和满足感了。

日本的一个学者对水结晶的形状进行了专门研究，他发现，水是能够对外界的声音做出感知和回应的。比如，发出的各种音乐和语言会令水形成不同的内部结晶，当你对水发出赞叹、感谢或其他善意的言辞时，水的结晶就会变得整齐而美丽；而当你对水发出污言秽语的时候，它的结晶就会变得混乱而糟糕，如果言语太恶毒，它甚至就不会结晶了。

而且这个过程是用多国语言进行实验和验证的，可见语言的善意或恶毒会对他人造成多么大的影响。因为人体中水的成分占了多达70%，在别人对我们说话的时候，不光是耳朵在接收信息，事实上整个身体都在感受着言语的作用。当我们感受美好语言的时候，浑身都会畅快自如；而听到恶言恶语时，就感觉像生病了一样难受、痛苦。

其实，言语的影响并不只是别人带给我们的，个体自身说出的话更有直接的作用，因为我们说出来的话语最先听到的其实就是自己。所以，与人为善其实就是善待自己的过程，我们仔细想想就会相信，当我们将美丽的祝福和美好的期望送给周围人的时候，自己仿佛也沐浴在接受关怀的幸福中，快乐而愉悦；反之，当我们心怀恶意时，自身也好像笼罩在消极的阴影下，会感觉到郁闷和烦恼。

善于用友善的语言为周围的人带去快乐与温暖的女人，最能打动人，也最容易受到他人的欢迎。在和谐美好的人际关系中，女人也同时能够体验到最大的幸福，享受最强烈的人生快乐。女人或许可以用外在的靓丽形象来取悦人，但那会随岁月的更迭而流逝；女人也可以用自身的能力来得到他人的肯定，可那并不涉及情感。只有善良才是能够打动人心，让人从心底为之产生迷恋的一种美好特质。

当然，友善的语言也不是为了刻意讨好别人而说，而应是发自内心地希望周围的人能够拥有开心、快乐的心情，希望他人都能够乐享生活而说。走在寻求幸福路上的女人，在善意地对待他人的时候，其初衷一定是纯洁而简单的，不会夹杂流俗的利益考虑。会说话、会办事、懂心理的女人在与人相处时总是不吝溢美之词，口吐善言，积极传播语言的正能量。让人们在快节奏的生活中体验到人性的关怀，让枯燥的社会环境充满生机，让枯木逢春，让枯骨生肉。走在寻求幸福之路上的女人如此做的时候，她本身已经就是最幸福的了。可见，幸福真就是暗藏在我们身边无处不在，它是我们毫不吝啬的好朋友。

与人打招呼，先要热情点燃活力

"热情是人们唯一的动力，它造成我们在世界上所看见的一切善和恶。"人生没有目的却也有目的，没有目的是指它如白驹过隙一般来去匆匆，并不留下什么；有目的是指人生再短暂也包含有价值、有意义的理想。而对人生幸福的不懈追求，是需要热情作为燃料的。

我们在生命中常常遇到两类人，一类人快人快语、古道热肠；一类人谨小慎微、漠然冷淡。前者激发我们对生命充满活力和希望，后者则让人感觉无力和乏味。热情是个体对待工作和生活的一种积极主动的态度，体现了个体明亮而阳光的人生观。热情可以带给人一种似火的奋发之感，使人得到幸福生活的源泉。

热情的女人往往都是内心充满了爱的，正因为有爱的激发，才会释放出热情的火花。女人正是爱与热情之力的完美代言人，因为女人就是爱的象征。她们从小热爱父母，长大了珍爱丈夫，生育后爱护孩子，这都是热情给予她们的原动力。热情的女人是受人青睐的，热情与人交流的女性是受人欢迎的，在她们自己积极营造的和谐融洽的生活环境里，女人也可以安然乐享人生最大的幸福与快乐。

小夏刚从大学毕业的时候，来到公司人生地不熟，本来是有一些新人焦虑症的。还好同事张姐比较热情地跟她打招呼，教她一些工作上的注意事项。小夏对张姐非常感激，也在行事上偷偷学着张姐的一言一行，比如每天早上来到办公室都会热情地向同事们问好。养成习惯了以后，就连小区见过几面的邻居，小夏也会主动去示意问好，小夏觉得这样做的同时，自己心里也会感受到快乐。

事实上，认识小夏的人都知道，她是一个比较内向的女孩，见了人总是被动交流，一般不会主动跟人说话，更别提热情地打招呼了。其实这也符合中国传统的社交形式，不像一些西方人那样，对走在路上的陌生人都可以互相拥抱问好。具体的行为和尺度见仁见智，但至少待人热情总会给人受到关怀和温暖的感觉，是一种正能量的传达。

如今张姐已经升职了，坐到了总经理的位子，这也一部分得益于她热情待人的美好品质。而小夏也在张姐的良好熏陶下，变得越来越阳光和积极，能够热情地与人打招呼和沟通交流。小夏觉得自己的心门好像打开了，内心曾经留有的狭隘也荡然无存。原来热情是相互的，你对别人热情了，自己的心也就温暖起来了，变得阳光而坦然了。

人们遇到能够正面改良自己的人，一定要好好珍惜，因为他们是人生的贵人，是黑夜的启明星，是通向幸福的指路灯。热情大方的女人总是给人以春天般温暖的感受，也受到大家的普遍欢迎。而冷漠的女人则显得缺乏魅力，并在一定程度阻碍和封闭了自己的人生机遇。热情的女人是正能量的使者，她们在任何场合都能点燃枯燥的氛围，把阳光洒向每一个人。

把关怀和温暖带给人间、带给他人的女人，她一定也是幸福生活着的，因为她们有着别人投桃报李的爱，同时也享受着自己创造的美好气氛。在很多文学作品中，也不乏对热情女人的描写，比如《红楼梦》里的王熙凤，就是一位典型的热情泼辣的女性形象，一登场就风风火火，将其特征显露得淋漓尽致。虽然她的热情包含了一定的世俗目的，但她确实为贾府增加了许多热烈诚挚的正能量气氛，让风刀霜剑的大观园平添了许多明媚的色彩。

一语未了，只听后院中有人笑声，说："我来迟了，不曾迎接远客！"黛玉纳罕道："这些人个个皆敛声屏气，恭肃严整如此，这来者系谁，这样放诞无礼？"心下想时，只见一群媳妇丫鬟围拥着一个人从后房门进来。

黛玉忙赔笑见礼，以"嫂"呼之。这熙凤携着黛玉的手，上下细细打量了一回，仍送至贾母身边坐下，因笑道："天下真有这样标致的人物，我今儿才算见了！况且这通身的气派，竟不像老祖宗的外孙女儿，竟是个嫡亲的孙女，怨不得老祖宗天天口头心头一时不忘。只可怜我这妹妹这样命苦，怎么姑妈偏就去世了！"说着，便用帕拭泪。贾母笑道："我才好了，你倒来招我。你妹妹远路才来，身子又弱，也才劝住了，快再休提前话。"这熙凤听了，忙转悲为喜道："正是呢！我一见了妹妹，一心都在她身上了，又是喜欢，又是伤心，就忘记了老祖宗。该打，该打！"又忙携黛玉之手，问："妹妹几岁了？可也上过学？现吃什么药？在这里不要想家，想要什么吃的、什么玩儿的，只管告诉我；丫头老婆们不好了，也只管告诉我。"一面又问婆子们："林姑娘的行李东西可搬进来了？带了几个人来？你们赶早打扫两间下房，让她们去歇歇。"说话时，已摆了茶果上来。熙凤亲为捧茶捧果。

——曹雪芹《红楼梦》

　　热情的女人仿佛有一种神秘的力量，就像心灵自带滤网一样，可以剔除负面、消极的因素，并将过滤好的阳光与正能量赋予所有人。她们的内心也好似一个熔炉，能够点燃照亮前路的灯，为生命投放希望的光芒。她们的热情能让处于逆境中的人们重新焕发信心和活力，坚定地从困难中走出来，浴火重生，转危为安。

　　走在寻求幸福路上的女人，从不把热情对人看成是虚伪的迎合，因为她们的内心本是澄亮剔透的，甘愿拿出诚挚而一尘不染的心灵示人，并不害怕他人的中伤和诽谤。她们这种无畏的勇气也正是她们得到幸福的保障，会说话、会办事、懂心理的女人追求幸福的最大筹码不是机敏与技巧，而是真诚的内心，只要不忘初心，必能得始终，幸福也会常伴左右。

要把安慰的话说到对方的心里

　　人生之不如意者十之八九，每个人在人生的旅途中都会经历一些不顺心或不如意的事情。在与理想失之交臂的时候，尤其是付出努力而得不到应有的回报时，失望的人们就会容易跌入消极而郁闷的心理状态中。如果没有周围人的开导与劝解，就可能难以自拔，长时间地沉湎于黯然神伤之中。

　　人在失意的时候常常是需要别人的宽慰和开导的，感性的女人更是，她们往往对做人处世更为投入和认真。尤其是在对待感情问题上，女人在认定了自己情感归属的时候，总会全力以赴、不计得失地投入，恨不得将全身心都交给自己的爱人。这时候一旦感情受挫，就很有可能陷入无边的痛苦中而不能自拔。这时候的女人尤其需要帮助，需要一些安慰的话来排遣自己的烦恼。但安慰的话必须能够说到对方心里去，否则只能是蜻蜓点水，起不到真正的作用。

　　小荷最近情绪非常低落，她的闺蜜看在眼里，急在心里，这天下了班没事，便打电话约她到她们常见面的酒吧聊天。到了酒吧，两人照常点了自己喜欢的酒水，酒过三巡便开始进入正题。原来，小荷最近交了一个男朋友，她感觉对方的各方面都很理想，两人的关系发展得也很迅猛，很快就如胶似漆了，可是还没有一个月；对方就逐渐开始没那么热情了，有些冷淡她的意思，这几天连信息也不回了，摆明是想分手的节奏。

　　其实，局外人一看就知道对方只是抱着玩玩儿的态度和小荷交往，但她的闺蜜不会那么唐突地说话，她知道小荷处于心理脆弱期，不能经受更多的打击，便和小荷聊起了对方，包括他的所谓优点，还有她到底迷恋他什么地方等。通过小荷的回答，闺蜜知道了，对方的优点其实只是小荷自己的美化，或者说是一种虚幻的意识，因为小荷根本说不清自己到底喜欢对方的什么地方。聊着聊着，小荷自己都有点儿觉得不可思议，自己怎么会喜欢上他？

　　小荷从头开始梳理两个人的关系，发现对方也没什么出彩的地方。好像也没什么钱，平时约会都是小荷埋单，也看不出有什么真才实学，甚至长相也说不上帅气。只是刚开始时的甜言蜜语让她有些心动，再加上会耍些"酷"，这才让她掉入了情感的误区里。经过闺蜜这么一开导，小荷明白了他并不是值得在乎的人，心里也就好受很多了。

　　把安慰的话说到对方心里，是帮助对方解决心理烦恼的关键。就像小荷的闺蜜那样，从本质出发帮小荷寻找问题的实质，而不是上来就用老套的宽慰语言生搬硬套，那种不走心的安慰不仅不能起到帮助人的作用，还可能让别人烦上加烦，帮了倒忙。

　　《红楼梦》是一部涉及大量语言交际的奇书，其中不乏安慰人的桥段。其中宝钗和湘云安慰黛玉的话各有特色，形成了一种鲜明的对比。前者完全从内心里和黛玉共情，说到了黛玉的心里；而后者的话语显然没有那么体贴和深入，湘云对黛玉虽也是出于真心实意，可语言就没有宝钗把握得那么好。

　　宝钗笑道："虽是取笑儿，却也是真话。你放心，我在这里一日，我与你消遣一日。你有什么委屈繁难，只管告诉我，我能解的，自然替你解一日。我虽有个哥哥，你也是知道的，只有个母亲比你略强些。咱们也算同病相怜。你也是个明白人，何必做'司马牛之叹'？你说多一事不如省一事。我明日家去和妈妈说了，只怕我们家里还有，与你送几两，每日叫丫头们就熬了，又便宜，又不惊师动众的。"

　　……所以只剩了湘云一人宽慰她，因说："你是个明白人，何必作此形象自苦。我也和你一样，我就不似你这样心窄。何况你又多病，还不自己保养。可恨宝姐姐，姊妹天天说亲道热，早已说今年中秋要大家一处赏月，必要起社，大家联句，到今日便弃了咱们，自己赏月去了。社也散了，诗也不作了。倒是他们父子叔侄纵横起来。你可知宋太祖说的好：'卧榻之侧，岂许他人酣睡。'她们不作，咱们两个竟联起句来，明日羞她们一羞。"

——曹雪芹《红楼梦》

从对比中不难看到，在安慰别人的时候最好是移情入境，把自己投射到对方的现实情境中去，让自己能够捕捉到对方的切实心理动向，才可能把话说到对方心里去，才可能起到宽慰对方的实际作用。宝钗对黛玉的宽慰让其真正地感受到了一种畅怀的开心，而湘云的宽慰好像只是蜻蜓点水，搔到痒处又不甚解痒，反而徒增几分难受。

会说话、懂心理的女人在觉察到周围的人落入消极情绪时，总是愿意第一时间为其开解和劝导。而且她们不会盲目为之，而是会耐心地走入对方的心理世界，从他们的心底入手为他们解开心结。走在寻求幸福路上的女人懂得积极传播正能量的正面意义，不是为了提升自己的思想境界，而是为了营造让所有人都能够安享幸福的美好世界。她们虽然是娇小的女人，却心怀天下。

愿意耐心地将安慰的话送入对方心田的女人必定是幸福的，她们在为朋友付出的同时，也让自己的心灵沐浴着爱的光华，因为爱的传递并不是单向的，而是一个双方共同感知的过程。懂心理的女人必定是幸福的，因为她们拥有理解与默契，这也是人与人之间最需要的珍贵要素，她们能够让大家都享受当下这轻松、自然的生活，快乐地体验幸福。

学会表达感激，传播语言的正能量

"忘恩比之说谎、虚荣、饶舌、酗酒或其他存在于脆弱的人心中的恶德还要厉害。"这句古老的谚语将"人要拥有感恩之心"的观念放在了十分重要的位置上，认为感恩是一种非常重要的道德标准，而忘恩负义也可以说是自古以来最令人唾弃与不齿的行为。

欧洲中世纪的意大利著名作家但丁的传世作品《神曲》，将地狱分成了18层，最下面一层是留给忘恩负义者的，足见人的普遍道德标准是将感恩放在非常高的地位的。而感恩并不只是放在心里，还要通过适当的形式表达出来，这并非形式主义，而是一种正能量传播的过程。当我们受人恩惠了，无论事大事小，无论对方是否真的用心，我们都应该将感激之情充分表达出来，让对方开心的同时，也让社会道义得到更充分的传播。

积极表达感谢是一种高情商的表现，拥有这种品质的人不仅会受到大家的广泛喜爱，在职场也会受到特殊青睐。这种现象很好理解，职场是一个人际关系复杂的地方，各色人等混迹其中，相互之间总会有一些利益牵绊。而懂得感恩、积极表达感激之情的人必然是比较重感情、轻利益的，这样的人也会比较重视团队精神，不会为自己的利益而牺牲团队的利益。

小彤刚毕业的时候去一家大公司面试，看到求职的人都排成了长龙，她心里有些没底。但既然来了，就要努力一回，省得以后再为自己的随意放弃而后悔。在面试大厅外面等待的时候，大家都坐在等候区的长条椅子上，正好这时候保洁阿姨过来打扫卫生，大家依次把腿抬起来让阿姨扫凳子下面的灰尘，但都沉默着，脑子里想的都是面试的事。

阿姨打扫到小彤那里的时候，小彤抬起脚的时候说了声"谢谢"，这声平凡的感谢恰好被路过的老总听到了。后来的面试就成了走过场，因为老总已经从这件小事上看到了小彤身上的不凡品质，已经打定了主意要聘用她。在宣布面试结果的时候，还有些人表示了不服，因为他们觉得自己比小彤的能力强很多。

这位老总便对大家说道："你们也许觉得那句'谢谢'很普通，不算什么，每个人都可以很轻松地说出来。可它恰恰反映了你们内心是否存在感恩的情结，你们是把保洁员的付出看成了理所当然的事情，那么以后别人和你共事时，我也很怀疑你们是否可以认真地看待他们的付出。而小彤对保洁阿姨工作的关注，说明她有尊重他人付出的高贵修养，我需要的就是这样懂得感恩的人。"老总的一席话说得大家纷纷点头，表示心服口服。

诚然，一句"谢谢"确实是再简单不过的语言，连十岁小孩儿都能张口就来。但小孩子都知道该做的事、该说的话，成年人却总是将它们抛在脑后。也正是因为它们过于平凡，就像呼吸一样理所当然，所以更加必不可少。因为没有呼吸就没有生命，恰似不懂得感恩就会人格缺失一样，这两者之间的重要性很难区分，孰重孰轻、孰优孰劣不是从量上就可以衡量的。缺失了人格就没有了做人之本，更别提人缘和幸福感了。

　　宋欣就要毕业了，和导师三年的相处让她有些不舍，也有些怀念。她请导师小聚，算是感谢他的辛勤栽培。席间，两杯啤酒下肚，宋欣的情感就上来了，也有点儿管不住嘴。她说道："老师，这几年您对我太好了。每次作业您都给我高分，毕业论文也没有为难我。虽然经常让我做一些事情，但我都是心甘情愿，并不计较利益得失。那都是因为导师你，因为你的关爱，让我愿意为你付出一切。"

　　导师听了，笑着说："你是喝多了还是真不会说话？我给你高分就算对你好了？纵容你的人那是害你！不为难你的论文是因为你写得没有问题，并没有偏袒你。再说什么叫让你做事就和利益有关了，那些明明都是助教应该做的，你不也得到了助学金的补偿了吗？你这种表达感谢的方式，只能适得其反，到社会上有你的苦头吃了！"

　　懂心理的女人善于表达自身的感激之情，并能令对方体会到自己的真挚情感，这就是最为有价值的正能量的表达与传播。

　　有的人觉得说一句感谢的话并没有那么重要，兴许对方还会觉得尴尬，其实并非如此。大家都是有血有肉的人，而且谁也不是谁肚子里的蛔虫，不会自然而然地就理解你的心意。因此，懂心理、会说话的女人总是主动地将谢意开诚布公地表达出来，不会造成任何误解与忽略。聪明的女人会把表达感激形成一种习惯，并发自肺腑地传达出去，这样才能够打动人心。

　　其实，表达感激之情也并不像所说的那么简单，就因为它太不起眼，令很多人都不屑于去这样做。更多的人虽然如此做了，却表达得不够诚挚，带点儿言不由衷的意味，这说明他可能只是为了某种世俗的目的或想要讨好对方。这种功利化的表达感激，事实上很难实现目的，因为它听起来就不会让人信服。

走在追寻幸福路上的女人必然懂得适时表达感激之情的重要性，因为这样做不光能让帮助过自己的人更快乐，也可以传达正能量，产生正面的社会效用，同时也是表达自我真心的一种抒发形式。懂得这样适当表达感激之情的女人必然是幸福的，因为表达感激事实上就是自我心灵与对方情感的互动过程，你所表达的谢意也等于是说给自己听，让自我感受到更为舒心惬意的幸福。

做高情商女人，忌低情商话语

"智商高、情商也高的人，春风得意；智商不高、情商高的人，贵人相助；智商高、情商不高的人，怀才不遇；智商不高、情商也不高的人，一事无成。"情商一直和智商一样，被看成是人的一项基本素质，它对人的情绪控制、人际关系与个人发展等都起着十分重要的作用。

情商包括情绪、意志、性格以及行为习惯等因素，并且是由它们综合组成的一种系数。它包括自控力、意志力、挫折耐受力、感知力以及人际关系处理能力等内容。高情商的女人拥有较强的自我意识，心理承受能力也较强，并懂得如何更好地进行自我调节。她们的性格较为乐观，并能够敏锐地洞察他人的心理。因此，拥有这些正面特质的女人总能将人际关系处理得较好，并且在判断问题上更为准确。

走在寻求幸福路上的女人一定要按照高情商的标准要求自己，尽量向那种状态看齐；如若不能，也要切忌落入低情商的标准中去，更不宜说出低情商的话来。因为低情商的话语往往带有负能量的表达，会说话的女人不会用消极的语言让人徒增烦恼，她们会运用善解人意的心灵，敏锐洞察对方的心理，并选择合适的沟通策略，将人际交往掌控在和谐融洽的氛围下。

　　小凤是个很重感情的女孩，脾气也很直，但最近一直和男朋友闹别扭。小凤对感情投入很深，对男朋友也很体贴照顾，但因为个人比较情绪化，又比较强势，常常会从个人的角度出发，以自己的意志来要求男友。这次就是因为她给男友打电话，男友因为在开会没有接，她便不依不饶地一个劲儿地打，那边好不容易抽空接了，小凤不等对方解释，便抱怨道："你说我平时对你怎么样，给你打电话也不接，是不是不想理我了啊？……"叨叨了半天，男友只能苦苦劝解，内心也是十分烦恼，甚至萌生了分手的冲动。

　　在单位里，小凤的工作态度和积极性是有口皆碑的，可是因为过于直爽的脾气，让她经常和同事起不必要的冲突和矛盾。这次，她又冲着小杜发火了："怎么问你一件事那么难呢，本来很简单的，为什么你要想那么多，咱们之间没必要搞那种小心眼儿吧。直来直去不好吗？我喜欢简单，你又是大老爷们儿，难道还……"

　　在某些情况下，直言不讳并不是高尚的道德体现，小凤觉得自己的直爽是真诚，可实际上那恰恰是低情商的表现，甚至有可能伤害他人的感情。可以看到，情商的内涵虽然很广，却都是基于理解的基础上的。懂心理的女人应善于站在他人的角度和立场来看问题，善于和他人达成默契，即使暂时无法达成共识，也会采取较为含蓄的态度来对待，这都是高情商的体现。

　　王海和妻子小蕊的感情一直很融洽，但时间久了也不免对她有些审美疲劳，尤其是有了孩子以后，每日锅碗瓢盆的按部就班让他有些烦躁。而单位里新来的小姑娘青春靓丽，让他感受到了清新的气息，就更让他对糟糠之妻心生嫌弃。有时候下班了他也不太愿意回家，可是再晚回家，小蕊也总是会做好饭菜等他一起吃。可越是这样，王海越觉得自己像是被网住了一样，缺少了生活的自由。

　　有一次他实在不耐烦，便冲着妻子吼了几句，吼完之后就有些后悔，但是也无法收回了。可是小蕊并没有发作，而是温柔地说："工作太累了就请假休息几天吧，看你情绪一直那么紧张，我很为你担心啊。"几句话说得王海羞愧不已，他看着妻子和孩子，一个贤惠、一个乖巧，一家人那么温馨和睦，眼下的快乐自己却不珍惜，真是太没有自知之明了。于是他暗暗下定决心，余生要好好对待他们，不能再胡思乱想了。

　　小蕊面对丈夫的嫌弃时，并没有表现出气恼或烦躁的情绪，而是平心静气地规劝他，这也是一种高情商的表现。她一方面能够主动调节自己的心理状态，另一方面能够用乐观积极的态度去应对人和事，同时用自己明确而自信的生活态度感染着丈夫，在和平的气氛里让他自然而然便回心转意了。拥有高情商的女人就是有这种魔力，能够化干戈为玉帛，甚至可以不战而屈人之兵，把问题和矛盾扼杀在襁褓里。

　　走在寻求幸福路上的女人首先要是一个具有高情商的女人，有了高情商就有了一定的意志力和抗压能力，在对待任何人、任何事的时候就会表现得更为泰然自若、不急不躁，就能够以从容、淡定的心态和气度来处理问题与矛盾。那么，经常从她们的口中听到金玉良言、婉约善言也就不足为怪了，而经常从她们那里接受正能量的人，也必然会把自己的那份热情回馈给她们，让她们可以更多地体会到生活的幸福与快乐。

会说话、懂心理的女人不会刻意伪装高情商，因为伪装不是真实心灵的反映，那是无法真正打动人的。但高情商也不是看起来的那么遥不可及，聪明的女人明白所谓的高情商不过就是一颗真心的显露，当人能够把自己的真诚展现出来的时候——即安分地放低自己，诚挚地祝福他人，她不就已经踩在高情商的绚烂云朵之上了吗？走在寻求幸福之路上的女人要明确一点，那就是要常常将自我与他人共情，善意地对待每个人，无论远近亲疏。她们要做的就是通过传播自己的正能量，让周围充满和谐而欢快的气息，在这自我营造的美好氛围里，去享受最为踏实长久的幸福。

多用"我们"引导，少拿"我"作主语

人的本质是自利的，无论在什么情况下，人总是容易最先想到自我。于是，人们在和别人说话时也不经意地愿意用"我"来作为主语，并大多形成了习惯。我们觉得看起来没什么问题，可是如果把"我"这个主语用得过多过密，总会让别人感觉说话之人过于看重自己，让人觉得此人不太爱与他人分享。

聪明的女人在沟通过程中懂得尽量忽略自我的符号，不仅会少用"我"作为主语，避免将自我这个主体放在突出位置，还会善用"我们"这个主语来引导言谈，让他人听了感觉和说话之人是处在同一个

阵营下的，自然就多了几分信任和亲切。走在寻求幸福之路上的女人和他人建立这种牢固的心理联盟以后，在很多事情上自然会得到更多更有效的帮助，她们的生活也自然会更为轻松惬意、更为幸福。

一家中国施工企业在中东某国施工修路的时候，不小心挖断了埋藏在地下的一根军事电缆。当时还处于地区局势不太稳定的时候，于是各方面都紧张地行动起来，项目业主想知道军方会采取的可能措施，军方也想搞明白谁是责任人、是否有预谋等。而作为承包项目的中方，最需要做的就是澄清该行为的动机，解释清楚了，也就没什么大问题了。

担任和各方沟通的是一位年轻的姑娘晓洁，她是一位懂得多国语言的中方公共关系官员。首先到场的是业主代表，看着他们怒气冲冲又慌里慌张的样子，晓洁笑着说："不要慌，咱们这个项目都是在军方备案的，我们在这里只是做工程，军队了解了情况也就不会深究。重要的是我们一定要团结起来统一口径，告诉他们这是无意的行为。"业主代表们听了，点点头走了。

一会儿军方代表也来了，他们质问为什么在施工前没有充分对现场环境进行摸底，晓洁不慌不忙地说："现场各种信息都是业主方转过来的，中间多了一道程序，这么长的施工线路难免有疏漏的地方。建议咱们以后建立直接的沟通交流渠道，有任何问题可以直接得到答案，而不用从业主那里过一手。只要我们两方通力合作，以后肯定不会有类似的情况发生。"

晓洁面对复杂而紧张的局面临危不乱，其淡定从容的态度令人佩服。她灵活运用了以"我们"相称的心理策略，让对方感觉是和中国人站在同一个"战壕"里的，感到双方是可以互相信任的战友。在这种心理暗示的基础上，对方就更容易接受和肯定我方人员给出的解释和建议，并可能给予我们更多的信任和认可。

多以"我们"相称可以应用在各种场合，包括工作、生活等方面。这样可以更好地与对方达成共情的效果，让双方的关系更为和谐融洽。尤其是在职场环境里，因为同事之间关系的复杂性和敏感性，更需要大家互相摈弃嫌隙，让交流更为深入、更为有效。所以，合理地运用类似"我们"的主语，可以对建立稳固而持久的关系起到非常重要的帮助。

王宏宇刚休完假，从外地旅游回来，并兴高采烈地跟同事分享自己一路的见闻轶事。这时候张姐过来说道："哦，你去那儿了啊，我早就去过了，我特别喜欢那里的小吃，我把那边的风景区都转了一遍，觉得还是那里的小吃最有特色。我觉得……"张姐滔滔不绝地说了一通自己的感受，让王宏宇颇觉扫兴，气氛也渐渐变得尴尬。这时小丽过来了，说道："原来我们都去过同一个地方啊，那咱们还真是有缘呢！……"她这么一说，王宏宇的兴致又上来了，继续和大家分享着、说笑着，气氛又活跃、和谐了起来。

我们可以很清楚地看到，张姐的自我表达瞬间就抢了王宏宇的风头，她过于突出自我，让他人没有了兴致；而多亏小丽用了"我们"这个词，又重新使话题回到了大家共同参与的节奏上来。事实上，每个人都需要表达自我，但时间和空间的资源毕竟是有限的，你自己表达得多了，必然会占用他人表达的机会。因此，善用"我们"其实涉及社会公共道德问题，那些过于注重自我，到处抢风头、显派头的人，其实是在影响其他人的生活质量，是一种违反道德的行为。这样的人不会受到人的喜爱和待见，也必然离幸福很遥远。

懂心理、会说话的女人总是会多用集体化的主语来引导言语，从而淡化自我，将重心放在大家身上，让所有人都能参与到沟通互动中来，让所有人都有一种集体归属感，让所有人都不会感觉到被冷落或排斥。聪明的女人如果能做到这一点，就一定可以得到大多数人的拥护和支持。如此，幸福和快乐对女人来说不就是触手可及的了吗？

走在寻求幸福路上的女人会善用"我们"来团结所有人，传播语言的正能量，让周围的人都能够体会到社会与人群的温暖。而她们如此做的时候，是很自然的，而不是刻意或做作的，因此很容易点燃他人的心灵之火，引起大家的共鸣。走在寻求幸福路上的女人总是会熟记一个诀窍，那就是诚信待人，一切为人处世的技巧与这个技巧相比都会相形见绌。聪明的女人就聪明在不要聪明上，以最自然、最真实地的自己去面对世界，去善待别人，这就已经是在享受最伟大的幸福了。

切勿窃窃私语，力求尊重他人

在一些工作和生活场合里，常常有一些人喜欢窃窃私语，有时候他们确实是有事情要说，有时候可能也并无恶意，但总是对其他人的一种不尊重行为，因为这种行为有把其他人排除在圈子之外的嫌疑。而家人之间如果有这种行为，伤害就会更大，就不仅仅是不尊重了，更可能导致感情的破裂。

"不管努力的目标是什么，不管干什么，单枪匹马总是没有力量的。合群永远是一切善良思想的人的最高需要。"人是社会的，是紧密联系在一起的整体，历来的哲人都非常重视团结的力量，并且摒弃那些疏离群体或独立于群体的行为。但是，无论是在工作还是在生活中，总有些人喜欢建立自己的小圈子，无论他们的目的是什么，或是没什么目的也好，都是对圈子外的人们的一种不尊重，而窃窃私语就是这种不尊重的主要表现形式之一。

小梅的家庭本来是和谐和美满的，她的丈夫对她关爱有加，她一直都认为自己是世界上最幸福的女人。结婚之前，小梅去丈夫的老家探望父母，看到他们一家人的感情非常融洽，都是快人快语、古道热肠的人，小梅才下定决心嫁给现在的丈夫。可是，变化从小梅怀孕的时候悄然发生了，为了照顾十月怀胎的儿媳妇，小梅的婆婆从老家赶来，和夫妻俩住在一起。

有了婆婆的照顾，小梅觉得生活轻松了不少，心里非常感激。可慢慢地她就发现，有些地方变了调子。因为她发现越来越有一种被丈夫和婆婆孤立的感觉，他们经常在一起窃窃私语，好像有什么事情在瞒着她。就连一家人在一起吃饭的时候，俩人也会有一些私下的眼神交流，这让小梅感觉非常难受。而且，她发现丈夫越来越像个"妈宝男"，什么事情都更顺着他的妈妈，而总是牺牲小梅的感受。

终于忍无可忍后，小梅跟丈夫和婆婆大吵了一场，最终感情破裂，小梅离开了这个她本想托付一生的家。后来，小梅在跟朋友谈起这件事时，表示她丈夫和婆婆的窃窃私语也许没什么实质性的内容，可那种行为本身就让人受不了，感觉自己被排除出了他们的圈子。

　　小梅的经历让人为之扼腕，同时让我们从中得到了深刻的启发。在家庭关系中，尤其是在三口之家以外的大家庭关系中，各方都必须注意协调好感情和团结问题。其中任何一方一旦有小圈子嫌疑，不管他们是不是有意的，都会对其他人造成非常大的影响。毕竟亲情是原生的，血浓于水，掺不得半点儿杂质和污渍。人在亲情的温馨氛围下可以得到安全感，而一旦发现这种氛围出现了不和谐的声音，那么个体遭受的心理打击也会非常之大。

　　小张工作的办公室有五个人，大家在一块儿工作也有三四年了，关系还算融洽和谐。大家在工作之余也会放松一下，海阔天空地闲扯一番，顺带维护一下互相之间的感情。小张觉得在这种氛围里工作非常舒心惬意，也很享受工作的过程。可是，自从新人小鹿来到办公室以后，情况就有了变化。

　　小鹿也是比较健谈的人，但她的问题是喜欢跟邻座的王姐聊，办公室的其他人经常可以看到她俩有一句没一句地聊着。这还不算完，她俩有时候还会凑在一起窃窃私语，冷不丁爆发出笑声，然后又压低声音嘀咕。她俩可能真的是乐在其中，也不是刻意去破坏办公室同事之间的团结。但是局外人不会这么想，尤其是办公室除了她俩，只有另外一个人在的时候，就会有一种强烈的被疏离的落寞感。

　　职场是个比较敏感的空间，身处其中的人需要特别注意和他人关系的平衡，不能过于冷落一些人而亲近另一些人，这都会造成他人很不好的体验。上个例子里的小鹿和王姐的窃窃私语也许没什么用意，可对其他人来讲就会有种说不上来的不舒服。就像托尔斯泰所说的："当众窃窃私语是没有教养的表现。"窃窃私语确实是一种不尊重他人的行为，聪明的女人绝不会犯这种错误。

伟大的导师高尔基说："一个人如果单靠自己，如果置身于集体的关系之外，置身于任何团结民众的伟大思想的范围之外，就会变成怠惰的、保守的、与生活发展相敌对的人。"聪明的女人不会做破坏集体团结的事情，她们会关照好自己和集体中任何人之间关系的远近亲疏，这也确实是一件考验智慧的事情。

走在寻找幸福路上的女人会积极主动地维护集体团结，但不会刻意和其他人设定距离，她们相信自然是最重要的标尺，她们也不会去做违反自己心愿的事情，那只会让自己难受，他人也感受不到真诚。聪明的女人会恪守社交规则，遵循人普遍的道德价值取向，知道做事的底线和原则是什么，就像公共场所窃窃私语这种行为，她们是绝不会做的。

懂心理、会说话的女人如果能处理好个体在集体中的位置和关系问题，就能让周围的人感受到更多的温馨与融洽，感受到更多集体的安全感，至少不会让他人有被排斥的烦恼。聪明的女人了解，幸福是自己和所有的其他人共同营造的，任何一个不开心的人都会多多少少破坏自己的幸福感。所以，走在寻找幸福之路上的女人总是口吐善言，传播语言的正能量，让幸福快乐长存每一个人的心间。

THE GREATEST HAPPINESS WOMEN ARE THOSE WHO CAN
TALK, ACT AND UNDERSTAND PSYCHOLOGY

第二章

说俏皮话，幽默的
女人最迷人

在社交场合中，幽默的人总是更受欢迎，因为他们总是能够适时地制造笑点、活跃氛围、化解尴尬、破除坚冰。幽默是一种能力，也是一种生活态度，如果一个女人具备了这种能力，那么她的周围一定是充满了欢声笑语的，她的心里一定是充满了阳光的。聪明的女人还知道，幽默虽好，但不能"贪多"，只有用得恰到好处，才能起到事半功倍的效果。

有才千里挑一，有趣万中难寻

"我相信幽默感也是魅力的一个组成部分。有了幽默感，人们可以在一种非常融洽的气氛中彼此交流思想和看法。缺乏幽默感，生活就变得非常单调和枯燥。"幽默可以让生活充满快乐与幸福，变得丰富多彩，幽默可以让人与人之间的关系更为融洽和谐。

女人有很多美好的特质，有容貌上的甜美，有能力上的出众，也有性格上的美好，但要说最有魅力、最迷人的品质，还是一颗懂幽默、知情意的有趣心灵。俗话说"有才的人千里挑一，有趣的人万中难寻"，懂幽默的女人更如珍稀动物一样，实为可遇而不可求。懂幽默是一种智慧的体现，懂幽默的女人总是会得到大家的青睐，因为她能够轻松化解很多矛盾与冲突，还能够给人带去快乐。懂幽默的女子总是处于幸福感极强的氛围中，因为她们通过制造快乐，不仅能使自己感受到快乐，还能在看到别人快乐的时候享受更大的带有成就感的快乐。

当年，有一位英俊的将军想要娶妻，便通过媒体将这个意愿传播了出去。听到了这个消息，很多大家闺秀、小家碧玉、各界名媛等都慕名前来一试机会。而这位将军面对人生大事，也是当仁不让，亲自出马充当"面试官"。其实说是面试，行伍出身的他就只简单明了地准备了一个问题："你为什么选择嫁给我？"

第一个来面试的女孩儿这样回答："因为我想嫁给一位大英雄，

您就是一位英雄人物！"第二个来面试的女孩儿说："因为您是当官的呀，嫁给您不就是官太太了吗？"很多这种抱着世俗目的来的女孩儿让将军颇感失望，因为他并不喜欢这种庸俗的婚姻观。就在他即将要绝望的时候，他的"真命天女"终于出现了。

她的回答是："我选择嫁给你，是因为上帝怕你干坏事，特地派我来监督你！"她的幽默让将军又惊又喜，马上拍板决定选这位女孩儿作为自己的妻子。她正是以自己的勇气与风趣征服了将军，也得到了自己想要得到的生活。

俗话说得好："笑是两人间最短的距离。"幽默的女人能够运用风趣的语言，在自己和对方之间架起一座沟通的高速公路，能够直达双方的内心。尤其是对男人来说，懂幽默的女人的魅力绝对是致命的，因为她身上泛着一层黄澄澄的智慧之光，有一种难以言表的迷人魅力。能够得到他人认可和青睐的女人，也无时无刻不是幸福的，因为她们是生活在受人关注、受人宠爱的氛围里的。

说起孙敏现在就职的岗位，她的应聘之路还真是带点儿奇幻色彩。她在网上投了一家心仪公司的某个职位，不久对方就回复了她的简历，说"抱歉，资格不够，不予面试"。可是回复信竟然发了两封一样的过来，这很可能是因为系统延迟，对方点了两次发送。孙敏能猜到原因，但因为性格上比较活泼风趣，便顺势又回复了一封信，上面写道："既然您发了两封信，说明您对不能录用我颇感遗憾，那为何不干脆给我一个面试的机会呢？"结果过了两天，HR 真的打电话来了，邀请孙敏去面试本公司的另一个职位。后来，HR 对孙敏说，主管看到了她的回复信，觉得她积极、反应机敏，虽然资格不太够，但还是给了她一次机会。

　　由此看来，幽默确实具有化腐朽为神奇的妙用。幽默本身也许不一定非常好笑，但愿意用幽默心态面对他人，这本身不就是一种乐观对待生活的充满正能量的表达吗？就像给予孙敏机会的主管所说的那样，孙敏的幽默行为体现了她积极对待生活的正面态度，也反映了她机智、灵敏的思维能力。也就是说，幽默不仅能够外在地显现女人的智慧，还能够内在地透露她积极的精神状态。幽默真是女人的一张美好的名片，女人把这张名片送给任何人，都必然能得到对方的细心收藏，被对方长存心间。

　　聪明的女人不会只靠雕琢容颜或塑造性格来赢得别人的喜爱，她们会巧妙地利用幽默的艺术来让自己锦上添花。这种艺术让周围的人感受到轻松与快乐，从而对女人的语言魅力产生倾慕。有时候，这种艺术的应用还能帮助女人解围。比如，一位著名女艺术家嫁给了一位比她小十多岁的考古学家，当记者为难地问她为什么嫁给小自己那么多的人时，她没有正面回答，只是风趣地说："对所有女人来说，考古学家都是最理想的老公，因为老婆越老他就越爱。"

　　会说话、懂心理的女人在运用幽默这种沟通方式的时候，一定会坚持自然合理的运用策略。因为她们知道，运用幽默这种语言技巧时，任何刻意与不妥都会产生违和感，并且这种违和感会因为说话者自以为幽默的言语成倍放大。幽默确实是需要见机行事的，有时候甚至需要灵光一现才能出彩。这就涉及运用幽默的另一个重要问题，即心态的合理调整。

　　走在寻找幸福之路上的女人应当尽量秉持一种风轻云淡的心态，这样在沟通交流的时候更能够放松而清晰地运用思维，从而有更大的可能在合适的时候迸发出幽默的灵感。幽默本身是反逻辑的，需要跳出一般的思想、发挥想象力。对女人来说，幽默细胞的开发也需要自身在精神层次的开发上进行努力，当你的心灵拨开云雾，敞亮剔透地面对人生时，你的思维之翼就会自然而然地展开翅膀。翱翔在智慧天空中的女人，必然能随心所欲地运用幽默这个强大的沟通工具，把幸福生活牢牢掌控在自己手中。

幽默是一种能力，让你更具魅力

"并不是每个人都能具有幽默态度。它是一种难能可贵的天赋，许多人甚至没有能力享受人们向他们呈现的快乐。"幽默确实是一种独特的能力，它并不是所有人都具备的，它需要一些天生的禀赋加上后天的培养。幽默这种能力能让女人的魅力成倍增加，是女人感受快乐生活的重要工具。

幽默的能力也被称为幽默感，它是以亲切感为基础的一种情绪感知能力，包含着主体对沟通对象的一种理解和共情，是一种非常人格化的人性关照。而且，幽默和嘲笑是截然不同的两个概念，是完全相对的，因为幽默是基于理解，嘲笑则反之。因此，可以说有幽默感的人同时也必然是善良的人，他们正是发现了人情世故中很多令人无奈的情况，对当事人产生了怜悯和同情的心理，所以会运用幽默的手段进行开脱和化解。当然，有时候这个当事人也可以是自己，这种情况下的幽默简称自嘲。

女人的幽默感有时候可以达到出其不意的效果，尤其是在作为一种能力来展示时，更可以为自己加分许多。一次在竞选台湾小姐的赛事中，主持人问一位候选佳丽："如果你可以选择的话，你是愿意嫁给希特勒呢，还是愿意嫁给肖邦？"面对这个大家通常不假思索就大致会选择肖邦的题目，这位佳丽却不走寻常路线，笑着回答道："我愿意嫁给希特勒。"

　　面对这个回答，整个选美现场的人都十分惊讶。这位佳丽继续不慌不忙地说："倘若当初我嫁给了希特勒，那么可能也不会发生第二次世界大战了，我多希望是这样啊！"听了她的话，所有观众都起立喝彩，这位佳丽也一举夺得了那一届选美大赛的桂冠。倘若她当时像其他人那样选择嫁给肖邦，那就是平平无奇的回答，也不会获得大家的认可。她正是用幽默反转的语言让大家为之一惊，而后在答案揭晓后恍然大悟，才取得了如此惊艳的效果。

　　从上例可以看到，那位佳丽的幽默不仅给自己平添了几分魅力，更帮助她如愿以偿地取得了冠军的荣耀。可见，善于运用幽默的女人，往往更容易获得他人更多的肯定和支持。聪明的女人在说出幽默的话语时，也给他人传达了一种精神饱满、灵动向上的心灵气质。尤其是对女人来说，幽默不仅能在量上增加魅力值，还能在质上整体提升个体层次感，让人刮目相看、另眼相待。

　　2016年，里约奥运会上成名的傅园慧，本是星光闪耀的众体育明星里不怎么出众的一位，因为她并没有获得金牌，但她的人气远远高于其他为祖国获得金牌的运动员，这看起来是个奇怪的现象，实际上并不奇怪。因为在奥运会那么重要而紧张的赛事上，她在接受电视台采访时却没有按部就班地感谢这个、感谢那个，而是破天荒地来了一句："我已经使出'洪荒之力'了！"

这句话让本来聚精会神盯着数据板关注成绩的观众们突然也轻松了起来，发现原来体育还可以是幽默的，还可以是不那么功利的。于是转眼之间，傅园慧的受关注度直线上升，因为她的能力不仅表现在身体上，还表现在她的幽默感上，幽默感让她的个人魅力得到了升华。我们相信傅园慧的幽默绝对是真实而自然的，因为在那种拼尽全力的情况下，人不可能还有伪装的余力。也正是这种纯真，让观众对她更为喜爱。

幽默感让傅园慧从一名运动员升格为大众明星，倒不是说当明星本身有什么意义，而是这从侧面反映了大家对她的喜爱和欢迎程度。走在寻求幸福路上的女人总是有意识地培养自身的幽默感，常说点儿俏皮话来活跃气氛，让自己变得更迷人，得到周围人的更多喜爱，让自己感受到更为幸福和快乐的氛围。

然而，幽默感确实是可遇而不可求的一种素质，对它的培养也是一个需要长期努力的过程。因为它的形成主要在童年时期，是在一定的父母关怀与早期教育的愉快氛围里养成的。而成年人在培养幽默感时就要发挥自主能动性了，比如多和有幽默感的人交流，积极拓展自己的社交圈子，并多留心其中的一些幽默高手，用"拿来主义"的方法，先从观察和模仿开始，时间长了就自然而然地内化为自己的特质了。

当然，网络本身就是个蕴藏着无限幽默与趣味的宝库，各种搞笑公众号、微博等都是时尚幽默语和冷笑话的集中地，女人可以利用自己的碎片时间，比如上下班或排队等候的时间多看看学学。但要注意的是，很多网络渠道的幽默与风趣难免掺杂了一些低级趣味或根本不好笑的低档次段子，那只能算是搞怪或滑稽，上不了幽默的大雅之堂，需要我们多加分辨。

聪明的女人总是会从自己最亲密的人身上"下手"去尝试自己的幽默，因为他们不会计较她的鲁莽，而她也可以在高度的宽容氛围下尽情施展自己的灵气和机智。聪明的女人能让自己的家人与好友体会到幽默的快乐，在为亲朋好友送去幸福瞬间的同时，自己也收获了满满的自信，于是在社交场合中能够得心应手、应对自如。

走在寻求幸福路上的女人会积极利用幽默，但也不会刻意炫耀自己的聪明，她们能够抓住运用幽默的合适时机，她们明白幽默是为了给大家带去欢乐，给场合营造气氛，开脱尴尬局势，或打开僵持局面。聪明的女人将幽默作为一种额外的能力来使用，但并不过度夸大它的功能，她们知道积极交往最核心的还是自己的一颗诚心，以诚待人才能换来真正的友谊与合作，这也是幸福最直接的源泉。

语言充满幽默，尽享欢声笑语

"我很怀疑世人是否体验过幽默的重要性，或幽默对于改变我们整个文化生活的可能性——幽默在政治上，在学术上，在生活上的地位。它的机能与其说是物质上的，还不如说是化学上的。它改变了我们的思想和经验的根本组织。我们必须默认它在民族生活上的重要。"这句话鲜明地阐述了幽默与我们生活各方面的密切联系。

幽默能够改变我们的整个生命，它对包括工作、学习和娱乐活动在内的整个文化生活起着一种催化剂的作用，甚至有一种化腐朽为神奇的化学作用。幽默体现了一种对生命本源意义的追求，有幽默感的人也是最懂得生活的人，他们理解有价值的生命就是要开心、快乐地去体验当下，而不是整天无事生非、庸人自扰、杞人忧天。聪明的女人喜欢让自己的和自己周围的生活充满欢声笑语，她们明白这就是幸福的真谛，幸福既简单也唾手可得，它即在一念之间。

雪莉是一个非常活泼、乐天的姑娘，整天都笑嘻嘻的，好像看不出她有什么心事或烦恼。周围的人也因此非常喜欢她，享受着她带来的正能量和好心情。雪莉经常和朋友们谈起关于笑的经历，她说有一次跟老板去欧洲办事，忙了一天，晚上吃饭时老板给她讲了个笑话，结果她笑得前仰后合，半天也止不住。那个餐厅比较安静，周围的人都转过来看着她，老板就有些不悦地让她放低分贝。

雪莉有时候就会踌躇于自己的天性与职场现实的矛盾，她之前做销售工作的时候，每天都可以在开心的笑声中度过，感觉天天都过得好快。但是做了文员以后，要受到好多礼仪规范的束缚，虽然环境安逸一些，却觉得时间过得好慢。最后，她还是决定放弃表面上体面的办公室职位，回归到那个能让她享受快乐的环境中去。

现在，雪莉又回到了她熟悉而擅长的那个领域和节奏中去了，每天都和客户打成一片，发挥她自身优势的同时，也尽享着工作和生活本身的乐趣。雪莉虽然看上去纯真可爱，却深谙生活的本初意义，她知道生活就是要用欢声笑语充实起来，开心、快乐就是幸福的代名词。

西方权威机构的一些研究数据表明，职场中员工们的每一次畅意欢笑，都直接地体现为商业价值。因为幽默与欢笑都可以刺激人的内在精神，让人的创造力和团队协作能力都得到激增，并提升生产率，降低旷工率，这就从整体上有效提升了企业的生产力和效益。而根据一所医疗机构的研究，笑会使人的精神压力得到缓解，并增加大脑脑垂体的激素分泌，促进血液循环，从而在整体上改进身体机能，让人变得更为健康，更为有活力。

　　一个三口之家购买了一套卡拉OK，用于在忙碌的生活之余放松一下。晚上吃完晚饭，三个人都懒洋洋地躺在沙发上不想动，没有人想去洗碗。于是妈妈说："要不咱们比赛唱歌吧，每个人都唱首歌，让系统自动打分，谁的分最低谁就去洗碗，你们看咋样？"爸爸和女儿都觉得这个办法不错，跃跃欲试地要一显身手，不甘落后。

　　三个人都唱完以后，爸爸的分数不高不低，排在中间。爸爸暗暗叫好，心想怎么都不会轮到自己去刷碗，于是就想来个舒服的"葛优瘫"。这时候，妈妈却像评委报分似的对女儿说："现在宣布，去掉一个最高分，再去掉一个最低分，你爸的最后得分最低，这次的碗还是你爸去洗。"爸爸听了，露出十分委屈的表情，已经恢复了精神的女儿哈哈大笑着说："爸爸您工作了一天也辛苦了，今天就让我来代劳吧！"于是，谁洗碗的问题就在一片笑声中解决了。

　　这个三口之家的生活是如此温馨而快乐，着实让人羡慕，而其中最出彩的恐怕就是妈妈的幽默语言了。锅碗瓢盆的枯燥确实是需要欢声笑语来点缀的，也更需要幽默的语言使其内容更为有趣。这也就是聪明的女人能够给家庭带来的最大福利，有时候家人最需要的并不是锦衣玉食，而是轻松活泼的氛围，是一个能够畅怀大笑的乐园。这也是家庭存在的真正意义，可以作为个体精神的一个包容所，其中的人不仅能够互相支撑，还能在心灵上完全依赖，完全共享。

懂心理、会说话的女人知道在和他人进行沟通交流的时候，气氛的营造是最重要的。尤其是在和陌生人交流时，沟通双方需要先建立信任，而幽默无疑是达成这一步的最有效工具。当聪明的女人用幽默的语言给大家带去欢声笑语的时候，人和人之间的那层隔阂就已经在悄然融化了，而进一步的交流和默契的培养就都是水到渠成的事情了。

走在寻找幸福路上的女人善于用机智的幽默制造笑声，用俏皮的语言营造氛围，但从不用流俗、低劣的滑稽去讨好和谄媚于人。因为她们知道笑声是需要发自内心的，而那种刻意用低俗段子挑逗人发笑的手段，只会让人发出无奈地笑、礼仪性地笑，甚或是皮笑肉不笑。

聪明的女人通常也是有层次的女人，她们的幽默往往都蕴含着善意、蕴含着美、蕴含着爱，她们幽默的初衷是为了大家的快乐，而不是一己之私。走在寻找幸福路上的女人总是会将大家的命运和自己紧密联系在一起，她从心里希望所有人都能够得到理想的生活，得到快乐和幸福，而他人也是能够感受她的美好祈求的，也同样会毫无保留地回馈于她，共同营造属于每个人的幸福人生。

越是紧张对峙，越要从容面对

"用玩笑来应付敌人，自然也是一种好战法，但触着之处，须是对手的致命伤，否则，玩笑终不过是一种简单的玩笑而已。"没人喜欢紧张的局面，可每个人都会在生命中不可避免地遇到那么几回紧张的对峙。有时候那种局面是突如其来的，就更让人猝不及防，更容易陷入慌乱中手足无措。

遇到紧张的对峙局面不可怕，可怕的是手忙脚乱地在慌乱中失去重心，而匆忙应对或压根儿就放弃了应对的权利，是自我放任和逃避。可上面的哪种方式都不能够有效地解决问题，都会给自己留下伤害，唯一正确的姿态是面对事情必须从容、淡定，这是成功处理问题的基础。有了这个基础，再灵活运用幽默来武装自己，才能够最终渡过难关。

小诗是个心地纯洁的姑娘，她在一次网友聚会时认识了一个帅气的男人，以为自己找到了真命天子，从此可以甜美地在幸福中徜徉了。可是，她并不知道那个男人隐瞒了这样一个事实：他已经有女朋友了，而且两人都快要结婚了。

一天早上，小诗还在睡梦里，便听见屋门被敲得震天响。小诗睡眼惺忪地去开门，一开门一个女人就闯了进来，指着小诗的鼻子大骂起来："你为什么抢我男人？他都明明要结婚了，你为什么要勾引他？怕自己嫁不出，也不用抢我男人呀？"邻居们听到吵闹，都纷纷过来看热闹，把目光聚集在小诗的脸上，在这种对峙的局面下显得非常尴尬。

小诗遇到这种突如其来的打击，起先是非常愤怒，但她知道如果自己也情绪激动，事情只会朝着更加不利于自己的方向发展。于是她深吸了一口气，稳定了一下情绪，笑着对这个女人说："我确实曾经很喜欢那个男的，我曾经以为他是一块美玉，还幻想把他从沙子里挖出来。但是你的出现证明了他并不是一块美玉，只是一个臭鸡蛋而已。你要是稀罕的话，那就让你捧回家好了。"女人听了虽然气愤，可也没什么好说的，便恨恨地走了。

小诗在紧张的对峙关口没有失去控制力，而是能够及时调整心态和情绪，用幽默地语言化解对方的攻势，没有让闹剧进一步升级，更重要的是为自己受伤的心撒上了疮药，保留了自己的人格尊严。著名哲学家周国平就曾对幽默做出过他自己的解释："受伤后衰竭，麻木，怨恨，这样的心灵与幽默无缘。幽默是受伤的心灵发出的健康、机智、宽容的微笑。"而小诗正是那个在心灵受伤后，坚强地用幽默微笑面对世界的人。

林志玲是一位容貌非常出众的女明星，却也常常因为这个优点而遭受攻击，认为她只是依靠容貌在娱乐圈立足，不过是花瓶。她虽然不否认自己有缺点，但娱乐圈是个光怪陆离的圈子，不会因为你退一步就放过你。在一次接受记者采访时，有记者问她："你和梁朝伟一起拍电影的时候，是不是他从来不会教你呢？"

林志玲笑着回答："我不会奢望别人教我，大家都很辛苦，我有机会看他表演就已经感觉学到了很多。"这个记者还是不甘心，追问道："那你对梁朝伟的身高介意吗，会不会觉得和你不相称？"林志玲思考了一下，说道："我觉得男人的气度是永远都胜过他的高度的。"她的回答立即赢得了场下的喝彩，林志玲的幽默不仅为自己化解了尴尬而紧张的对峙环境，也为自己赢得了更多的粉丝。

可以看到林志玲确实是一位情商高的明星，而并不是所谓的花瓶。从她的回答中我们也受到启发，那就是幽默不单单是智慧的表达，也是个体对生命意义的一种认知。在女人的工作与生活中，合理运用幽默可以让女人在纷繁复杂的动态社会中全身而退，既能悦己悦人，不伤害双方，还能体现其极具魅力的一面。有幽默感的女人一般都是兼有超高的智商和情商的，这也是她们能够在突然的变化中游刃有余的可靠保证。

懂心理、会说话的女人首先都具有淡定而从容的优雅品质，这其实是运用幽默的基础，也是临危不惧的前提，两者互为因果，相辅相成。没有风轻云淡的内心世界，也就谈不上临危不惧的淡定，更无法使出需要清晰头脑才能说出的幽默话语了。

走在寻找幸福之路上的女人，如果能把个人宠辱看得不那么重要，把个人利益得失看得不那么用心，那么所谓的紧张局面对她们来说也就不存在了。她们已然把生命和物质区分开来，对世俗的羁绊不再关心，而是安分、从容地尽享当下的点点滴滴。

当在别人眼中所谓的紧张对峙出现在聪明女人的眼前时，她已经可以很敏锐地看透其中的利益牵绊，虽然身处局内，却能以局外人的眼光和心态去应对和处理问题。这种淡然的心态也支持着她对幽默感的把握和控制，能够精确地切入问题要害，并像庖丁解牛那样瓦解困境。这样的女人总是幸福的，她们大步走在幸福的旅程上，安然欣赏着沿途的风景。

委婉表达指责，利用幽默表达

"你不能老是板着面孔与人相处。幽默感是最重要的，它会使你的工作变得更为容易，同时也会给你的职业生涯带来深受欢迎的阳光。"每个人都有自己的优点，也必然有自己的缺点，人和人之间互相是一面镜子，可以从中照见自己的不足。人的一生都在成长的路上，百年树人，而人与人之间的互相提携也是助力成长的良药。

人无完人，人也并非圣人，每个人在成长路上不断改良自身的同时，也能或多或少地看到别人身上的不完美之处。对于那些看着不对的地方，真正的朋友是不会息事宁人、明哲保身的，他们会开诚布公地给朋友指出其身上存在的问题和亟待改正的地方。而提出问题不是错，关键是提出问题的方式，良药苦口利于病，没有人会觉得被人指出缺点是一件舒服的事情。因此，聪明的女人在规劝朋友时，总会运用幽默的语言让其更容易接受，就像做手术时要先打麻药一样，这样不仅不会感到痛苦，还会让过程更为顺利和有效。

美国著名小说家马克·吐温以语言风格轻松幽默著称，他的性格也非常平易近人，平时和文学爱好者们保持着亲密友好的互动往来。有一次，一位初学写作的文学爱好者给马克·吐温写了一封信，询问他关于写作灵感的问题："您好老师，我听说鱼骨头里面含有大量的磷质成分，对脑子特别好。如果想要成为富有灵感的艺术家，是不是要吃很多的鱼？请您对这种说法给出自己的看法。"

这位纯真的文学爱好者还在信中问马克·吐温："另外，您的写作天赋是不是也来源于吃了很多的鱼，请问您吃的又是哪种鱼，有没有特别的功用呢？"马克·吐温看了信后哭笑不得，但又不想置之不理，便写了封意味深长的信。这封信很简单，只有一句话，是这样写的："如此看来，你得吃一条鲸才行。"

面对那位可爱读者的"幼稚"问题，马克·吐温没有直接指责他，或是放任不管，而是选择用带有幽默感的语气去启发他。虽然带有一些嘲讽意味，但比直截了当地指责更让人容易接受，这也体现了马克·吐温的人本主义思想情怀以及对读者负责任的态度。聪明的女人对待周围的人，在发现他们有需要改进的地方时，不会鲁莽地横加指责，而是会含蓄委婉地用幽默这个润滑剂，让他们在舒服的心理状态下正视和改进自身的缺点。

一个课堂上，老师都开讲十分钟了，一个男生才急匆匆地跑进教室。这个男生还很不懂礼貌，明明迟到了，到了座位上还跟同桌说话。可是，老师对此并没有拍案而起、暴跳如雷，而是悠悠地说："好令我伤心啊！"同学们有些奇怪，不知道老师在说什么。老师接着说："我没有这位同学有魅力，你们瞧瞧，他一进教室，大家就都看他，他回座位了，你们还是看他，听他说话。也没人听我讲话了！"

面对学生迟到和窃窃私语的常态问题，这位老师用风趣幽默的语言来规劝大家，因为他知道那套苦口婆心、老生常谈的调子同学们都听腻了，必须得换换风格，同时也是给那个同学一点儿面子，所谓人性化的、先礼后兵的教育方法。聪明的女人也懂得凡事多给人留点儿面子、留点儿空间和余地，也就等于给自己留条后路。

"同学同泳，皮肉偶尔相碰，有碍男女大防。不过禁止以后，男女还是一同生活在天地中间，一同呼吸着天地中间的空气。空气从这个男人的鼻孔呼出来，被那个女人的鼻孔吸进去，又从那个女人的鼻孔呼出来，被另一个男人的鼻孔吸进去，淆乱乾坤，实在比皮肉相碰还要坏。要彻底划清界限，不如再下一道命令，规定男女老幼，诸色人等，一律戴上防毒面具，既禁空气流通，又防抛头露面。这样，每个人都是……喏！喏！"

——鲁迅

面对当时国民党高压统治下的可笑政策，鲁迅没有用严厉或痛斥的口吻去针砭时弊，而是用戏谑、风趣的语言和嘲弄的口吻让大家看了哑然失笑，在笑声中更突显对当时国民党愚昧统治的嘲讽与指责。不过，这里的幽默并不是为了照顾对方的面子，而是为了通过夸张的手法产生一种强烈的讽刺效果，给读者留下更为鲜明和深刻的印象。

幽默的效用确实是丰富繁多、不一而足的，它可以用于圆场，可以用于开脱，可以用于规劝，也可以用于斥责。它能给人送去快乐，能使人际关系更为和谐；它能帮助朋友改掉缺点，也能对恶意进行无情的驳斥。哈佛的校训告诉我们："幽默在人的生命中的重要性，不亚于阳光、水和空气。"

会说话的女人在发现了朋友身上存在某些问题时，总会积极地想办法帮助其解决问题，即使那是顽固不化的，甚至可能是从小养成的毛病。她们在规劝朋友时也会善用幽默风趣的语言，用似嗔非怒的口吻让其更能够接受。做聪明女人的朋友是幸福的，也是幸运的，她们总能得到一些良好的启示与引导，总能在聪明女人的帮助下向着美好前行。

走在寻找幸福路上的女人总是会全心全意地对待周围的人，无论是亲人、朋友、同事或是萍水相逢的人。她们由衷地希望他人都能向着理想的方向不断进取，希望他人都能够越过越好，在这种诚挚心灵的激发下，女人也会充满正能量的气息，得到更多人的青睐和喜爱，女人也正是在这种环境下才享受到了更多的幸福和快乐。

幽默固然有助，也要恰到好处

"人的才能不一样，有的人会幽默，有的人不会，不会幽默的人最好不必勉强。"如前所述，幽默是一种特殊的能力，是一种需要一些天赋、灵气的能力。有的人可能因为从小的经历，没有培养较好的幽默感，或许可以后天进行一些弥补，但并不一定就能够掌握得炉火纯青。这就需要我们经常注意幽默的适用性，幽默虽好，但也要恰到好处。

如前所述，幽默对提升我们的生命质量和幸福感所能够起到的作用非常显著。越来越多的人也意识到了幽默的强大力量，便纷纷寻找幽默的灵感，并不失时机地去运用它们。这本是好事，可是坏就坏在，很多时候幽默都被误用了，或是没有用的恰到好处，或是没有掌握好火候，甚至是因幽默过头而伤害别人，这都是对幽默本身的一种亵渎。因为幽默本是人的"好朋友"，在被滥用和误用以后，就俨然成了一个"怪物"，成了人类的"敌人"。

现在人们办婚礼有越来越多的花样，场面也越来越热闹，让新人在缤纷多彩的婚礼仪式下尽享感情的甜美与升华。而婚礼司仪也会积极用华丽的辞藻去衬托婚礼现场的热闹气氛，让氛围更为浓烈和炽热。司仪小李也紧跟大潮，在主持的时候会不失时机地抛出一些幽默段子来活跃气氛，他的初衷固然是好的，是希望婚礼更为完美、出彩，可是有一些过头的幽默不仅不能增光添彩，反而会煞了婚礼的风景。

这次他主持一场婚礼，又想用奇特的段子来逗大家笑，于是说道："大家快看呀！新娘子走上舞台，她头戴着美丽的花环，身穿着洁白的袈裟。"台下哄然大笑，双方父母则微微皱了皱眉头。他又接着说："台下新娘子的父母不要伤心，新娘子只是挪了一个窝，以后还多了一个暖被窝的人呢！"台下也有笑声连连，可新人的家人更不舒服了。小李又说："一对新人一定要珍惜这个舞台，下次你们登上这个舞台，可就不知道是哪年了！"

台下依旧鼓噪声连连，而新人双方的家人已经忍无可忍，拂袖而去，一场好好的婚礼就这么让小李给搞砸了。本来婚礼是一个神圣的仪式，热闹虽然符合中国传统的喜庆风格，但绝不能太过。如果一点儿尊严和操守都不注意，而是肆无忌惮地嬉闹，那就变成了让人无法欣赏的下三烂的闹剧。

小李的例子是个典型的反面教材，他滥用幽默，一是用错了场合，婚礼是神圣的、感人的，不能乱用幽默，最多用一些活跃气氛的风趣语言；二是用错了时机，当新人们登上舞台享受瞬间的关注与兴奋时，司仪却抢了风头，让新人变成了小丑供人们取乐。幽默虽好，但也要恰到好处，小李过于强调幽默的运用，而忽略了恰当地运用这个关键问题。要知道什么事情做得过分了就会过犹不及，在运用幽默时一定要注意场合和时机。

小珍在一家外企做秘书，一天她的外国老总一不小心把桌上的可乐碰倒了，饮料都洒在了地毯上，老总气恼地自言自语："这下完了！蟑螂最喜欢这东西，又擦不干净，它们准会大批地'进攻'我的办公室！"这时正好小珍进来看见了，她笑着说："放心吧老总，不会出现那种情况的，因为中国的蟑螂只喜欢吃中餐！"老总听了哈哈大笑，脸色也立马从"多云"转成了"晴"。

小珍与其老总的交流过程非常和谐，这得益于小珍恰到好处的幽默，让外国老总转忧为喜。幽默的魅力就是要在恰当使用的情况下才能发挥它的效果，聪明的女人在运用幽默的时候，总会先敏锐地考察场合的特征与沟通对象的特征，然后在恰当的时机抛出恰当的幽默话语，不仅能避免不恰当幽默引起的尴尬，还能将幽默的效果最大化，让人际沟通更为顺畅和愉快。

美国前总统林肯是善于随机应变、恰当运用幽默的高手。有一次他在做公众演讲时，一个陌生的男人走上前来递给他一张纸条。林肯打开一看，上面赫然写着两个字："傻瓜。"面对这种赤裸裸的挑衅，林肯很恼火，但很快平复了下来。他深吸一口气，不慌不忙地说："本人以前收过很多匿名信，一般都只有正文而没有署名。这次却正好相反，刚才这位先生只署了名字，却没有写内容。"说完，便继续演讲起来。

林肯的从容心态给了他极大的信心和支撑，面对突如其来的挑衅能够面不改色，并运用恰当的幽默予以反击。聪明的女人在处理人际问题时也会恰当地根据情况做出选择，面对善意的人，她会同样用春风一样的语言和善意的幽默回复；而面对心怀不轨的人，她也同样会用恰当而犀利的幽默进行反击，毫不留情。

走在寻求幸福路上的女人知道如何适度地运用幽默，在她们口中，幽默是传达快乐的工具，能够给周围带来更多的开心与愉悦。她们喜欢用俏皮话活跃沟通的气氛，喜欢用风趣的语言排遣尴尬的氛围。幽默的女人是迷人的，她们总是会得到周围人的喜爱和青睐，而她们自己也常常沐浴在幸福的感受里。

甜言蜜语，聪明的
女人"嘴巴甜"

人在本性上总是希望得到他人的肯定和认可的，这是一种正常的精神需求。会说话的聪明女人总能够适时而合理地对沟通对象发出由衷的赞美，让对方得到精神的慰藉与美的享受，反过来也自然会投桃报李给予良好的言行回馈。这种令人愉悦的交互过程可以增进感情，提升生命的质量，但切忌虚伪与带有目的性，那种夸赞很难起到理想的效果。

嘴上再多口红，不若抹点蜜糖

"渴望受人赞美和钦佩，这是一种无爱的激情，它在那些最不了解和最不关心我们的人面前表现得最为强烈。"浪漫诗人柯勒律治用他敏感的心体察着人们微妙的心理诉求，揭示了大家普遍的喜好倾向，也暗示我们不要吝惜自己的溢美之词去赞美别人，因为这可以激发爱的情绪。

赞美是指用语言对自身所支持的对象所表达的一种肯定态度。恰当的赞美能够增强交流双方的情感共鸣，增进友情。按照心理学家的说法："人性最深层的需要就是个体渴望他人的欣赏。"每个人都希望自己身上的优点得到别人的关注，在得到他人赞美的时候，自身会产生舒心惬意的愉悦之感，也会对赞美自己的人投以最深切的感激之情。

一位国外的教授做过一项针对个体受到赞美的效果的研究性实验，他将一所大学里的一个班级作为实验对象。开始时，他并没有告诉老师和学生关于实验的事情，只是以做心理研究的名义对班级里的所有学生进行了测试，结束后他将自己拟定的测试结果交给了班主任，告诉她上面有10个同学的成绩很突出，将来会有非常好的提升和发展。

一年以后，正如那位教授预料的那样，那10位同学的成绩都有了明显提高，而且在心态上也更为积极和自信。当班主任对这位教授的测试表示钦佩时，他只是笑着说："那份测试的结果是我自己杜撰的，那 10 位同学也并没有像我说的那样与众不同，它只是让你产生了某种心理暗示，让你在接下来的学习生活中对他们更为关注，态度上更为积极而已。"这种效应生动地表明了人在得到他人积极认可的态度时，在得到赞美后，会产生内在的动力和正能量的情绪，整个身心都能够变得积极向上。

一句赞美的话可以让人得到精神上的鼓励和支撑，一句负能量的话则可能毁掉一个人的斗志。同样，赞美别人的人可以得到受赞美人投桃报李的感激，而贬低别人的人只会换来对方的愤恨与排斥。会说话的女人总是能够用春天般暖人的语言让对方的心灵充满正能量，在爱的激发下迸发出活力与激情，同时也会对赞美自己的人报以感恩而亲切的态度，把幸福感传递回女人身上。

夏日的一天，李丹和闺蜜一起聚餐时，发现对方一直情绪不高，和平时大说大笑的她判若两人。一问才知道，闺蜜刚刚和男朋友分手了，正心情低落，不知道该怎么办好。李丹听了，并没有跟闺蜜一道怨天尤人，而是笑着说："恭喜你恢复单身了，又恢复了自由，又有了为自己做选择的机会。本来就羡慕你身材好、模样好，又这么有才气，我一直都觉得你配得上更好的男人。"本来思想掉进死胡同的闺蜜听了李丹的话，就好像云开雾散、拨云见日了一样，原本阴霾的内心好似见到了久违的阳光，也不再愁眉苦脸了。这就是嘴巴上抹点儿蜜能够起到的神奇效果，它可以转化人的心情，这比嘴上抹口红实用多了。

女人在向他人展示自我风采的时候，与其在嘴唇上涂点儿口红，不如在嘴巴上"多抹点儿蜜"。因为幸福感常常是在与他人的沟通中相互给予的，你给了别人甜蜜的感受，对方自然也会回馈以美好的表达。生活本身已经有很多的劳苦奔波，为什么不对身边的人多点儿善意的期待呢？不管别人是不是你喜欢的类型，是不是和你有现实上的利益瓜葛，都不妨把自己的柔情蜜意释放出来，赠人玫瑰手有余香，甜美了别人也幸福了自己。

一位社会学博士在谈论赞美时，首先拿自己在儿童时代不好意思表达对他人的赞美和接受来自他人的赞美作为例子，引导出她做这项研究的初始动机。在研究过程中，她很震惊地发现，很多人即使在面对生离死别的时候，也很难对他的亲人说出认可或夸赞的话来，主要原因就是他们不知道自己的亲人是真正有这个需要的。

她也惊奇地发现，人们可以随意表达任何欲望，可以表达想吃什么东西，可以表达想穿什么衣服，却从不愿意主动表达想要得到赞美的愿望。这位社会学博士认为，这源于人们的一种原始自我保护的本能，一旦说出了这种需求，就等于是暴露了自身的焦虑与期待。因此她认为，羞于赞美他人或不好意思表达需要赞美的这种状态，其实是一种病态和扭曲的心理特征。

有的人可能比较内敛，觉得对别人的欣赏是可以经由日常态度被别人感受到的。这样不愿刻意表达的处世方式本是一种从容与淡然的内质显现，但实际上犯了想当然的毛病，要知道每个人每天都有应对不完的事务，不经充分表达是很难让对方了解你的本意的。所以不妨打开害羞的心房，直抒胸臆地表达赞美与夸奖。

　　会赞美的女人是聪明的，她们懂得用温暖的话语来融化现实生活中的种种冷漠与僵化，在心灵上感化他人的同时，也让现实中形形色色的人和事得到更为快捷、妥善的处理。她们就像润滑剂一样，默默地付出自己，让身边的事情都能运转得更为流畅和顺达，让自己和他人都沐浴在愉悦与快乐之中。

　　会赞美的女人是幸福的，她们用对美好的向往和期待向周围洒蛮热情的阳光，照亮了别人的同时，也享受着反射回来的光芒的温暖。嘴上抹蜜也并不是就无端地恭维或拍马屁，而是要发自内心地表达自己的积极愿望，不管是不是当下的事实，但由衷地希望每个人都能像话里所说的那样美好，希望世界到处都充满了爱与美。

恰当地去赞美，缔造幸福甜美

　　"只凭一句赞美的话，我就可以充实地活上两个月。"美国小说家马克·吐温这句充满戏谑的话语从侧面突显了人们对赞美的需求，无论是在职场上还是在家里，不妨带着发现美的眼睛去留神别人的优点，不要吝啬你的溢美之词。当然，这都要建立在恰如其分的原则上，赞美不是盲目地夸人，而是要在理解、认可和欣赏的基础上适当地称赞。

　　有时候，女人夸奖他人本是出于好意，却常常因为没有审时度势，没有控制好火候，而将好的初衷弄成了坏的结果。这就好比用一盆上好的材料煲汤，但是如果制作过程掌握得不够好，那也很难熬出上乘的汤来。夸奖别人是一个很微妙的技术，它需要个体充分调动思维、把控细节，有时候往往一个词就能画龙点睛，也可能弄巧成拙，让好事变为尴尬的局面。

有一天，王勇叫了几个大学时候的同学来家里做客。他的妈妈也是那种非常好客、古道热肠的人，但有时候说话太快、口不择言。和这些同学们一聊，发现大家都是学有所成，也找到了各自心仪的工作，她由衷地为孩子们感到高兴，笑着说："一晃那么多年过去了，你们都有了出息，虎头虎脑、油光满面的，确实招人喜爱。不像小勇，没什么出息，也不会来事儿，工作也没你们的好。"

大家听了不禁在心里暗笑，因为王勇的妈妈虽是出于好意说几句表扬的话，但颇有些词不达意。明明可以用很多好的词语来形容这帮风华正茂的青年，却非用个"油光满面"，让大家听了哭笑不得。当然，大家也都知道老一辈人的文化水平普遍不高，也就并没有往心里去。

说话如果词不达意，就像已经陈旧的留声机，虽然播放的是优美的音乐，却夹杂着难受的噪音，并不能给人美好的享受，甚至还会破坏对方的情绪。现在的年轻人大都接受过良好的教育，都有足够的脑子来判断话语的真伪，虚伪的赞美不但在大多数情况下没法讨好他人，还有可能让原本尚可的关系遭到破坏。比如，一个博士毕业的人对一个大专毕业的朋友说："你学历足够的，不要没有自信。"即使你是真心劝解，也很容易被对方当成是一种嘲讽。

女人在职场中讲话时，更要控制夸赞的时机和力度，尤其是在面对领导的时候。因为面对生活中的朋友和亲人，即使你说话不当他们也不会计较，但领导可能就不那么容易担待说话横冲直撞的你了，如果不拿捏和把握好，就可能影响我们的前程。而如果夸赞得恰如其分，则可能得到更多提升的机会。

曾国藩是清代著名的政治家和文学家，有一次闲暇时，他和几个下属一起品评当时的一些著名人物。曾国藩先说："彭玉麟和李鸿章都是当今非常有能力的人物，我不能和他们相比。我唯一能拿得出手的恐怕就是不喜欢谄媚和奉承了。"一个下属接着曾国藩的话说道："确实都有各自的长处，彭玉麟勇敢而威猛，别人不敢欺他，李鸿章精明机敏，别人想欺负也欺负不了他。"这时，另一个下属不失时机地接过话头："曾中堂仁义有德，人人都不忍心欺辱之。"大家听了不禁叫好，曾国藩一边说"哪里哪里"，一边暗自高兴。事后，他打听了这个并不相识的下属的身份和来头，认为这个人非常有才能，便在州府职位空缺的时候提拔了他。

很多文学作品里也不乏赞美他人的段落，比如《红楼梦》中就包含大量关于人际沟通的内容，很多聪明的女性表现出了她们善于夸赞人的优秀品性。尤其是王熙凤，她是一位精通人情世故的大观园管理者，凭三寸不烂之舌将贾府上上下下打理得井井有条。我们比较熟悉的林黛玉进贾府中，就包含了一段王熙凤恰如其分地夸奖黛玉的词。

这熙凤携着黛玉的手，上下打量了一回，仍送至贾母身边坐下，因笑道："天下真有这样标致的人物，我今儿才算见了！况且这通身的气派，竟不像老祖宗的外孙女儿，竟是个嫡亲的孙女，怨不得老祖宗天天口头心头一时不忘。只可怜我这妹妹这样命苦，怎么姑妈偏就离世了！"

——曹雪芹《红楼梦》

　　王熙凤并没有直截了当地赞美林黛玉如何俊俏可爱，而是东拉西扯地把贾母和几个孙女都捎上，让她们互为比照，相映成景。不仅恰如其分，还让每个人都顺带得到了夸赞。由此可见，赞美想要达到好的效果，就要审时度势、相机而行，但这并不代表投机取巧，而是个体机敏与智慧的表达。

　　赞美也有助于帮助你的朋友逐步完成他要进行的某件事，刚开始的积极夸奖可以激励他正式起步，在他经历困难时的夸奖可以鼓励他继续砥砺前行，而在其事业的上升期，你适时的夸奖则有助于他更进一步。想要做到这些，都需要考察时机和局势，才能在他需要的时候给予最为恰当的赞美。

　　聪明的女人在夸赞他人的时候是会因人而异的，不同的人其背景和素质也不尽相同，而且年龄、个性、观念等都有差异。因此针对不同人的特点进行夸赞，才可以得到更为理想的结果。尤其是当你通过仔细观察，发现了某个人所做出的实际贡献时，那你的夸赞将会显得更有诚意，因为对方也认为自己确实是值得因为此事而得到表扬的。

　　会说话的女人并不急于盲目地夸奖对方，她们总是耐心地与对方接触，等到有了充分的了解，并发现了对方身上哪怕是极为细小的优点时，再赞美对方。聪明的女人也从不把赞美对方看成谋取利益的途径，她们甚至享受赞美这个过程本身，当她们发现对方因为自己的恰当赞美而心花怒放的时候，不用对方做出任何回馈的表示，她们自己已经心满意足了，这也许才是幸福的真谛吧。

学会背后赞美，远胜当面赞美

赞美分为当面的和背后的，和背后说人家坏话不同，背后赞美的正面效果有时候是惊人的。当面的赞美确实可以让人开心，而背后的赞美则可以让人对你死心塌地。中国的传统价值观对夸赞总有一种排斥倾向，总会把它和拍马屁联系到一起，背后赞美则能有效规避这一嫌疑，会让人从心里感激你的支持。

经验多了就不难发现，当我们从正面去夸奖别人的时候，即使我们是出于真心，也可能会好心当成驴肝肺，让对方觉得我们是想找他办什么事，有求于他似的。背后的赞美则不然，它不仅不会引起误解，还会让被赞美的人对你感恩，因为他相信你是真心的。我们也不用担心对方是否会知道你赞美了他，俗话说"天下没有不透风的墙"。对方会认为你是真诚地表达自己真实的想法，不带虚假的成分，自然也会用心接受并投桃报李。

王萍和刘婷本来是一对无话不说的好同事，可随着工作流程越来越复杂和困难，有一次出现了一些沟通和交接上的问题，导致两人第一次闹了矛盾，以至于同一个办公室的两人见了面也不打招呼，气氛闹得非常尴尬。

一天，经理叫刘婷来办公室谈工作，在进行了一般的工作报告后，经理又问刘婷："王萍所在的部门最近出现了一些问题，让项目推进受到了一些影响。据反映是王萍的个人原因导致了问题的发生，你怎么看？"刘婷听了，便将自己知道的情况告诉领导："其实问题并不是王萍导致的，恰恰相反，当时王萍为了多挽回些损失，还主动加班，否则问题可能更严重。"

经理根据刘婷的汇报又多方调查，发现果然如她所说，王萍的确是通过个人努力为项目挽回了损失，便公开表扬了王萍。在和王萍的谈话中，经理无意中透露了刘婷对她的工作的肯定和认可，王萍听了非常感动，也为自己之前的幼稚行为感到后悔和羞愧。她主动找刘婷破除前嫌，两人化干戈为玉帛，在之后的工作中互相帮助，都取得了更高的成就。

在背后说别人的好话，其好处就是那么明显，能让本来冰冻的关系瞬间融化。因为通过第三方得到的信息，会比当面得到的赞美更可信。这种情况下，被赞美的人会认为那不是简单的客套话或应酬话，而是你认真的、发自内心的表扬。这种通过第三方传去的吉言，也能让对方感受到更多的激励与正能量，提升其自信心与责任感。

有些伟人深谙此道，也会不经意地传出对某些下属的正面评价，来改善和某一个人之间的关系。比如斯大林在管理下属时，为了得到某个政见稍有不同的人的支持，就故意在他人跟前表扬那个下属，当此话传到此人耳中的时候，他立刻改变了此前对斯大林的反对态度，和斯大林也成了无话不谈的朋友。

《红楼梦》是交际沟通艺术的百科全书，自然也包含了大量关于赞美与反馈的描写，其中一段背后赞美也被传为经典佳话，那就是湘云在劝宝玉读书考功名的时候，宝玉生气地说出了黛玉不会如此糊涂劝他进学的话，这种认可和肯定的语言被正巧路过的黛玉听到了，也让她确信了自己在宝玉心中的独特位置，不禁喜极而泣。

宝玉道:"林姑娘从来说过这些混账话不曾?若她也说过这些混账话,我早和她生分了。"

……林黛玉听了这话,不觉又喜又惊,又悲又叹。所喜者,果然自己眼力不错,素日认他是个知己,果然是个知己;所惊者,他在人前一片私心称扬于我,其亲热厚密,竟不避嫌疑;所叹者,你既为我之知己,自然我亦可为你之知己矣,既你我为知己,则又何必有金玉之论哉;既有金玉之论,亦该你我有之,则又何必来一宝钗哉!

——曹雪芹《红楼梦》

短短一句无意识的话,竟然会起到如此强烈的效果,是因为黛玉知道这是宝玉真诚的心里话,这种话也只能在她不在场的时候说出来才有效。假使这话是宝玉当面告诉黛玉的,以他们从小玩儿到大,经常互相调侃和开玩笑的关系来看,很容易被认为是故意打趣或讨好,就达不到文中那样的效果了,这些小细节也反映了曹雪芹强大的艺术把控力。

如果你对此有所怀疑,不妨将自身移情到那种场景里。倘若一位朋友对你说:"××人曾跟我说,你身上有好多优点!"你会不会感动得甚至想哭出来的心都有呢?尤其是当那个人是你平时不太待见的那位时,你将会产生更多五味杂陈之感。因此推己及彼,想要让朋友对你心悦诚服,对你敞开心扉,不妨多在他人跟前赞扬他们,那么假以时日,他们都会对你死心塌地了。

会说话的女人总是在嘴巴上涂满蜂蜜,把甜美的快乐洒向周围,让别人得到愉悦与自信的同时,也让自己在友情、亲情与爱情全面丰收的美好氛围里体会到满满的幸福。但这一切都不应是虚伪的,聪明的女人虽然知道"背后赞美"之道,但并不会刻意为之,而是纯粹把赞美别人看成一种快乐的事情去做，久而久之甚至把赞美养成了一种习惯。她们乐此不疲地这样去做，正是看到了此间的美妙之处，看到了世间对此美妙感觉的强烈需求，也看到了这种美妙的相对稀缺。她们这样做的时候，实际是俨然成了传播爱与美的天使。

委婉提出立场，善用赞美开场

"良言一句三冬暖，恶语伤人六月寒。"这句中国古代俗语一针见血地阐述好话和坏话对人心理的巨大影响。人非圣贤，总是对来自他人的评判有着非常敏锐的回应，为一句好听话可以高兴好几天，而一句负面评价就可能失落一星期。女人在跟他人交流时，哪怕是不中听的、非说不可的意见，也不妨先说几句暖心的好话，让对方的心理提前"热身"。

人的本质特性是趋利避害的，总是喜欢听好听的话，排斥消极的或否定自己的话。尤其在被他人提出意见的时候，更是唯恐避之不及，就像躲避瘟疫一样，其规避批评的态度可见一斑。可是在很多场合下，无论是工作责任也好，还是家庭问题也罢，该提的意见总还是要提的，否则没法解决问题。这时候就要注意策略与技巧，先以赞美开头，再慢慢过渡到意见上去。

陶行知是近代著名教育家，他的教育理念是积极地将教育与生活联系在一起，主张以孩子的天性为基础循循善诱，绝不刻板地灌输大道理。有一次课间，陶行知在校园内巡视，发现一个男同学正在追打另一个学生，他赶紧上前制止了这个男同学的行为，并让他放学后到办公室去谈话。

放学的时候，陶行知故意在旁边的办公室等着，当那个男同学进到办公室以后他才跟着走了进去。他并没有训斥这个男同学，也没有长篇累牍地灌输道德教育，而是先拿出一块糖果给他，说道："这块糖是我给你的奖励，因为你按照约定时间到得很准时，我却来晚了。"男同学惊讶地接过那块糖，陶行知接着又取出一颗糖，说道："这颗糖果是奖励你及时停止不良行为的，而且你很听话，让你停住你马上就停止了，这颗糖也是感谢你对我的尊重。"这个男同学已经惊诧万分了，陶行知随即又取出一块糖给他，说道："我下午去问了相关的人，知道你打人是因为他欺负你的小伙伴，你很有正义感，这块糖是奖励给你的勇敢的。"

说到这里，这个看上去愣头愣脑的男同学已经流下了泪水，他对陶行知说："我知道自己错了，您还是教训我吧！"陶行知听了，又取出一块糖给他，说道："这是奖励你主动认识和承认自身问题的，相比较前三块糖，这块最有价值。"听了这话，这个男同学彻底明白了校长的用意，听到了一堂珍贵而有意义的成长教育课。

面对校园不良行为，陶行知并没有怒火冲天地教训那个男同学，而是巧妙地从人接受教育的普遍规律入手，先通过奖励来认可和赞扬男同学做得对的事情，让这个男同学从心理上对陶行知的话语产生更多愿意接受的倾向。这样在接下来意见提出的环节，陶行知甚至都不用自己说，这个男同学就主动承认了错误。这也是心理学上所说的共情作用的一种表现。

同样，在职场中和同事之间沟通交流的时候，这种说话策略的应用就更为广泛，这也是由职场的特殊性质决定的。因为不同类型的人汇聚到一个场所中，为了一个共同目标而奋斗，总会产生各种各样的问题与矛盾。在需要提出意见的时候，就十分考验你的说话方式了，不同的讲话策略很可能导致完全不同的沟通效果。

刘洋从小就立志当一名画家，十几年刻苦的努力让他后来成功考上美院，他的作品经常获得一些大大小小的奖项，正是年轻有为，前途不可限量。刘洋毕业后，来到一家传媒公司做插画师，他对艺术有自己的理解，飞扬的画风也让公司的艺术总监刮目相看。当时，公司正在做一个前卫艺术项目，刘洋正好得以一显身手，并在项目成功完成后转为正式员工。

可是下一个项目是儿童连环画设计，刘洋没有仔细看项目要求，就又跟着自己的感觉飞扬了起来。下午，总监巡视到刘洋的工位，看了看他的作品，不禁皱起了眉头，但他没有直接指出问题。而是笑着对刘洋说："创意真的不错，无论是线条还是色彩，都凸显了与众不同的魅力。呃，这里是什么？"刘洋得意地说："这是一种比较抽象的象征，表达对生活的热爱。"总监说道："很有深度，但是小孩儿估计很难看懂……"刘洋听了如梦初醒，赶紧推倒重画。

刘洋犯的错误在职场上屡见不鲜，每个新人都有可能犯，本没什么特别。但这位总监的说话方式很值得称道，他没有直截了当地向刘洋提出意见，而是先对他的艺术予以赞赏，之后再提出问题，让刘洋自己发现症结所在。从始至终，总监和刘洋都在一个和谐融洽的谈话氛围里进行着互动，最终让具体问题得到了理想的解决。

可见，先赞美再提意见是一种科学的沟通交流手段，它从顺应人的趋利避害的心理入手，先以肯定和认可的态度和对方的心理靠拢，再自然而然地流露出问题的端倪，让对方在一个比较容易接受的氛围里对意见进行消化和采纳。这样不仅能照顾到对方的情绪，不破坏双方的关系，还能够让其在更愿意配合的情况下，更深刻地对问题和意见进行分析和改正。

聪明的女人总是能够体察他人的心理感受，无论说什么事情都力图不让对方受到伤害。尤其在面对比较敏感、心理比较脆弱的朋友时，她们都更为体贴地使用先行赞美再提出意见的委婉手段，等于让对方的心理先进行热身活动以后再进入拉练环节，就更不容易受到运动损伤。会说话的女人如此做时，目的是单纯的，是希望事情能够顺利推进，希望他人保持好的情绪，而不是为了达成一己之私。她们的幸福就来自他人嘴边的微笑，这幸福虽简单，却最为珍贵、最为意味深远。

大胆赞美异性，营造非凡效果

俗语称"男女搭配，干活儿不累。"这其实是有科学道理的。宇航员在长期枯燥的太空航行中常常出现身体或心理上的异常和不适，一部分原因就是相对封闭空间里单调的性别组成，后来通过在空间站安排女性航天员，有效解决了这个问题。

异性相吸是人的本质属性，是原生的自然规律。就像老子的阴阳说，认为世界万物都是相生相克的，有阳刚就有阴柔，二者是相辅相成的关系。男人和女人之间也存在一种莫名的互相吸引和激励的客观力量，因此异性之间的赞美所创造的积极动力就更强大，更有力度。异性之间的互相欣赏与赞美可以激发身心的正能量，可以让自身的精神超脱普通状态，获得意想不到的灵感，甚至有化腐朽为神奇的效果。

黄莺的导师是个潜心于学术研究的痴心人，他对自己的专业领域一直保持着执着和投入的态度，而并不跟风去追求形式上的丰满。但现实总不是那么遂人意，学校的各项科研考核指标总让人感到应接不暇，焦头烂额。而导师恪守理念的行为似乎与现实格格不入，一方面疲于应付，效率低下，一方面又影响了自己所热衷的研究领域。

黄莺每天都帮助导师处理一些杂务，她对他目前的处境也是心知肚明，看着他无精打采地应付各种形式化的业务，在与自身理想的矛盾中不断消沉，黄莺也很替他着急。因为她务实投入的学习理念和导师很相似，导师写的很多一般人无法参透奥妙的文章，只有她能理解其中的精彩。为了让导师的心情好些，每次接受辅导的时候，黄莺总会夸赞他发表的某些文章如何精彩和有启发性，每当这时，黄莺都可以看到导师脸上焕发出神采奕奕的光芒。

在工作不如意的状态下，黄莺的夸赞给了他极大的鼓舞和精神支撑，虽然不能从现实上做出任何改变，可她所给予的动力和促进力为导师提供了披荆斩棘的坚定与意志。在学术科研的漫漫长路上，有了异性的欣赏与倾慕，就好像海上航行的小船得到了风之女神的眷顾，一路顺风踏浪前行。

事实确实如此，异性的赞美常常能激发人心底的能量，让本来因为暂时的挫折而意志消沉的人重新充满活力与斗志。尤其是对男人来说，来自女性的欣赏与青睐将给予其非常大的自我成就感，相比来自男性的赞赏，他们更希望得到异性的赞美。他们也许很看重金钱、地位和身份等现实状况，但似乎更容易满足于自己在女性心中拥有一定的分量和地位，这更可以让他们得到愉悦与欢快。

因此可以说，无论是什么样的男人，不管是踌躇满志、意气风发的青年，还是事业有成、功成名就的中年人，表面上的成熟稳重也遮不住内心对来自异性的赞美的强烈需求。对女人来说，在和同事、朋友或是亲人中的男性相处时，要想得到他们的喜爱，不吝啬溢美之词总是最简单、最有效的方法。

一个音乐学院的学生参加一场盛大的音乐节比赛，他为此次大赛已经准备了整整半年。对音乐的热爱和对前程的期望让他一天也没有放松过练习，可是过度的紧张也让他有些虚脱，在临上场时冷汗直冒。结果可想而知，他最终被过分的患得患失击垮了，在演奏过程中出现了几处错误，和他理想的演出效果相去甚远。

当他垂头丧气回到自己的座位上时，甚至产生了放弃自己艺术生涯的念头。这时，旁边坐着的一位姑娘转头对他悄悄说道："你抬手的那一刹那好看极了，就凭那一个姿势都可以打满分。"说完还对他眨眨眼。他听了，内心立刻从一潭死水重新变得激昂澎湃起来，虽然是涨红了脸，但心情非常惬意，仿佛又看到了自己艺术之路的光明。后来，他俩结为了夫妇，他最终也实现了自己的艺术理想。

这个例子鲜明地表现了异性的夸赞能够起到的扭转乾坤、改变人心智情绪的效果。男人更容易为来自女性的由衷夸赞而心动，他们一般来说较为"好面儿"，比较期望得到女性在其成就或能力方面的肯定和赞许。聪明的女人总是能找准他们的痒处，恰如其分地给予赞美。

女人在夸赞男人的时候，一定要注意性别特征与需求，切勿从自身的喜好入手去夸奖男人。比如，如果说他们长得漂亮，甚至夸他们线条曼妙，都只会取得适得其反的效果，甚至闹出笑话。女人一定要从男性价值观的角度入手，从他们真正想要表现和希望别人注意的方面去夸奖他们，才能得到最大化的效果。

会说话的女人总会利用性别的天生优势去为自己挣得人际沟通中的主动地位，但现实利益并不是她们主动夸赞异性的目的，她们不是为了金钱、色相和地位等低俗诱惑去做的。她们希望用真诚的赞美来激励异性、愉悦异性，让他们更多地发挥自身的潜能去找寻幸福美满的生活，她们希望用发自内心的欣赏与认可让异性更为自信和有责任心，让社会更为融洽与和谐。她们的目的是纯洁与向上的，自身也必然会得到他人在情感上的美好报偿，让自己的生活更为美好和丰富多彩。

赞美掌握火候，真诚而不谄媚

"谄媚从来不会出自伟大的心灵，而是小人的伎俩，人们卑躬屈膝，把自己尽量地缩小，以便钻进他们趋附的人物的生活核心。"巴尔扎克一生光明磊落，痛恨阿谀的小人，这句话就是他通过文学作品里的人物抒发的内心情怀。逢迎与恭维自古都是被批判的行为，这些负面的概念和赞美这种正能量行为也常常会发生混淆不清的情况。

赞美别人是一种可以美化人的心灵、给人带去正能量的好事，其关键在于应用适度。过分的夸赞就表现为逢迎和谄媚，这些虚假的表达会让明理的人不屑一顾，也可能让轻信的人产生膨胀心理。奉承别人的人一般都带有一些其他想法，希望从所夸赞的人身上得到某种好处或利益，但在精神上有贬低双方人格之嫌。

不奉承的一个重要标准就是夸赞别人时要有理有据，要实实在在地看到别人身上的长处以后再说出赞赏的话语。有的人在夸奖别人时带有十分急功近利的态度，在着急请某人帮些什么忙的时候，临时说几句赞美的话，期望能起到一些帮助作用。其实往往事与愿违，在这个快节奏的时代，一般人在处理问题时都是就事论事，很少因为几句好听的话就放弃原则，更不用说那种明显言不由衷的话了。

刘莉是一个能说会道、快人快语的姑娘，对人热情大方，工作能力出众，挺讨同事和领导的喜欢。一次快到年底的时候，刘莉单位的合作公司还有一笔款项没有结清，领导觉得刘莉的语言表达能力强，便派她前往该公司催要欠款。刘莉也一口答应，觉得领导对自己一直都很照顾，这次一定要完成这个任务回报领导。

到了地方以后，刘莉马不停蹄地直奔经理室，经理听刘莉说明了来意，并查看了相关票据文件以后，告诉她打款的事正在安排中，估计这两天就可以有眉目。刘莉听了，觉得不过是客套的措辞罢了，便对经理说："这件事劳烦您催一下吧，最好今天就确定下来。看您的长相就40来岁吧，头发那么黑，一根白头发都没有，那么年轻就当经理了，办事就快点儿呗。"几句话说得对方脸上红一阵白一阵的，但还是客气地让刘莉先回去，他会尽快办理。

结果等了半个月还是没有结果，刘莉等不及了，又长途跋涉来找这位经理。经理笑着对她说："刚刚审核完毕了，这就打款。我其实没有 40 岁，我 37 岁，而且我戴的是发套。"看着刘莉不好意思的表情，经理接着说："其实我并不在乎你的说辞，而是你着急又口不择言的奉承让我起了疑心。其实你第一次来的时候，第二天就可以打款的，但我不放心，所以安排质量部门重新走了一遍审核程序，这才耽误到了今天。"听了这话，刘莉彻底明白了，她连忙向经理道歉，暗暗骂自己不该故作聪明。

刘莉在这里就犯了想当然的错误，过于相信自己所看到的表象，过于相信自己所谓的能言善辩。由此可见，嘴皮子利索并不等于会说话，更不等同于真正的聪明。聪明的女人知道审时度势，会说话的女人知道拿捏尺度。赞美要适可而止，一旦过分，就会变成虚假的奉承与谄媚，不仅无法增进沟通，还很可能像刘莉那样把事情越弄越糟。

赞美与奉承这对概念在中国古代文学中屡有出现，《红楼梦》里就刻画了很多会说好话的人，比如王熙凤、薛宝钗等。她们能够细致观察情势变化，并快速做出反应，不失时机地去赞美他人。她们也因为拥有一定的社会身份与层次，所赞美的对象一般也高于她们，比如贾母。

凤姐儿笑道："我倒不派老太太的不是，老太太倒寻上我了？"贾母听了，与众人都笑道："这可奇了！倒要听听这不是。"凤姐儿道："谁教老太太会调理人，调理的水葱儿似的，怎么怨得人要？我幸亏是孙子媳妇，若是孙子，我早要了，还等到这会子呢。"贾母笑道："这倒是我的不是了？"凤姐儿笑道："自然是老太太的不是了。"贾母笑道："这样，我也不要了，你带了去吧！"

宝钗一旁笑道:"我来了这么几年,留神看起来,凤丫头凭他怎么巧,再巧不过老太太去。"

——曹雪芹《红楼梦》

在这里,赞美和奉承的界限似乎非常模糊。赞美一般是不带有世俗目的的,奉承则或多或少夹杂着利益因素。凤姐和宝钗赞美贾母的初衷肯定是希望她快乐,开心是第一位的,毕竟她们俩已经颇得贾母的宠爱,甚至可以说是集万千宠爱于一身的,逻辑上不需要再用奉承的方式去讨什么甜头。但也不能说一点儿奉承的因素都没有,因为她们相对局限在自己的思想世界里,对未来始终还抱有更上一层楼的期盼。

聪明的女人不妨效仿凤姐和宝钗在奉承上的高明技巧,摈弃奉承本身的低俗目的,所谓取其精华去其糟粕。从细节上把握沟通对象的特征和环境的微妙变化,在总体上表现得更有格局一些,摆脱低级趣味的牵制。女人一旦有了高尚的精神境界,自然就能把握好赞美的尺度,并远离奉承的负面阴影。

会说话的女人知道无论面对什么样的人、什么样的事,真诚总是第一位的,只有真正关注某个人的时候,才能对其做出正确而合理的评价,给出较为中肯的赞美。她们能够清晰地分辨正能量的赞美和消极的奉承之间的界限,她们知道真正的幸福和快乐只能依靠发自内心的赞美来获取,无论是对被赞美的人,还是她们自己。

THE GREATEST HAPPINESS WOMEN ARE THOSE WHO CAN
TALK, ACT AND UNDERSTAND PSYCHOLOGY

第四章

宽容自在，退一步
海阔天空

宽容是一种崇高的品格，它能化干戈为玉帛、化矛盾为和谐，是情感互动中不可或缺的因素。女人的宽容不仅能解放对方的思想压力，还能给自身开拓崭新的空间，避免落入狭隘的偏执和自我压抑之中。人生没有输赢，只是一场生命于自然中的体验过程，遇到无能为力的境遇时不妨放开手，不要为难自己，退一步海阔天空，方是幸福人生的真谛。

宽容是种哲学，值得一生学习

"宽容就像天上的细雨滋润着大地。它赐福于宽容的人，也赐福于被宽容的人。"伟大的戏剧家莎士比亚在其名作《威尼斯商人》里，借主角之口抒发了对宽容这种高尚情怀的向往和赞美。他认为，宽容就像爱的雨露一样，可以冲洗世间的污浊，让干旱的情感荒漠重新变为生机勃勃的绿洲。

宽容是人格上的一种格局与大气的体现，表现为对之前发生的不愉快的人和事采取最大限度的体谅和包涵。在这个浮躁的社会里，人们普遍追求眼前的利益，锱铢必较，让宽容变成了一种较为稀缺因而可贵的资源。很多人其实都知道宽容对待他人也是给自己的内心松绑，把怨恨纠结着不放其实伤害最多的是自己。

聪明的女人知道适时原谅和忘却，她们有着普通人所不具备的大智若愚的思维。她们内心能够洞悉一切，但对无关紧要的小事都采取睁一只眼闭一只眼的态度。她们的原则和底线也定义得非常合理，这足以让她们能够优雅、淡定地面对和处理几乎所有问题，能够心平气和地做一个幸福的女人。

一到周末，可心家的楼上就会传来那位妈妈的吼叫声，听声音就像是一个粗壮大汉的气场。而实际上那家人可心也认识，那位妈妈的身材小巧玲珑，平时说话也娇声娇气地，完全不是现在的样子。可是一到周末，她就会发出那种声嘶力竭的吼叫声，可心担心别是有什么事情，便上楼到邻居门口察探。

在门口仔细听了半天，可心知道了原因，其实就是妈妈在辅导女儿功课的时候，对女儿迟钝的接受能力失去了耐心。望女成凤的心理让她给女儿报了很多辅导班，休息日被排得满满的，却看不到女儿明显的长进，让这位妈妈失去了宽容之心。可心叹了口气，自言自语地说："自己的孩子，何必呢！"

下了楼，可心也开始给孩子辅导功课，可是刚刚感叹完别人家的家务事，自己也开始犯起了刻薄狭隘、缺乏宽容心的毛病。孩子几个回合听不明白她的讲述，她就有点儿不耐烦了，失去耐心后竟然也对孩子吼了起来。但是吼了以后她马上又后悔了，为自己的冲动感到可笑，这才发现保持一颗宽容的心是多么不容易的事情。

一位宽容的母亲，对孩子的成长有着至关重要的影响。给孩子补习功课是非常容易导致情绪爆发的火力点，但还不限于此，日常生活的点点滴滴都隐藏着各种不尽如人意、让人容易纠结和计较的事情。聪明的母亲必然是宽容的，她们能看到各种不尽如人意的事情背后的普遍规律，淡然接受并从容"防守"。

在两性感情生活中，有繁华的激情与热切，也有凄凉的冷淡与漠然。一切的努力和挽回在爱情面前似乎都显得柔弱和无奈，到了不可扭转的地步时，与其死死纠缠让双方都难以适从，不如选择宽容地放弃，让自己的精神回归。男人也要明白的一点是，女人从叽叽喳喳地黏你、烦你，到无言以对，往往就预示着情感的终结。

蔡玲和男友之间的感情历程就像大多数男男女女那样，从刚开始不离不弃的海誓山盟到最后的慢慢冷却。蔡玲曾经对她的男友无话不谈,每天都饶有兴致地向他讲述点点滴滴的生活感受,而这些看似闲聊的只言片语之间都包含着对伴侣的爱与在意。但男友慢慢开始对她这种片刻不离的关爱产生厌弃感,时常没有回应,而她只能小心翼翼地向后退着,慢慢把自己最开始的纯真而爽直的感情收敛起来。

逐渐地,蔡玲不再像以前那样事事都牵挂着男友,而是慢慢地也走向了沉默。男友发现她不再像以前那样挑剔和斤斤计较,不再事事都征求他的意见,不再因为自己忘了什么重要的日子而发火。女人在从一开始的活泼、爱撒娇变得沉默、宽容,变得成熟、大度,那也就快要到了她离开男人的时候了。蔡玲也像很多女人那样,当她对男友的幻想彻底破灭时,她没有歇斯底里地发火,只是选择默默地宽容和放下,静静地离开了男友。

面对情感挫折时,感性的女人总是不愿放弃最后一丝希望,她们对情感的执着与信仰让她们比男人更难放手,更难彻底把那曾经风花秋月的美丽回忆抹去。可是如果感情已经无法挽回,不放手只会让自己承受更多毫无意义的伤害。所以不如就此罢手,去宽容曾经带给你快乐的那个人,松开对方和自己的灵魂枷锁。

聪明的女人从来不会去记挂往日的各种纠葛,只是把当下的每一分每一秒快乐、愉悦地度过。因为她知道过去的已经过去了,昨天的蹉跎不应该影响今日的期许。聪明的女人能够包容常人所不能忍的事情,对怀有恶意的人一笑而过,淡定地面对他人的各种不屑与愤怒。聪明的女人从来不会对争风吃醋、争名夺利的事情感兴趣,而是可以从容不迫地做好自己,扮演好女儿、妻子和母亲的角色,在职场上是个负责的员工,在友情上是个真诚的朋友。

聪明的女人具有不同凡响的胸怀和气量,她们所具有的包容心是一种高层次的人格境界，也是一种值得用一生去领悟和学习的深刻哲学。因为它既是对他人的善待，也是对自我的解放。女人的宽容甚至是一种人生艺术、行为艺术，它具有本质的美，可以当成纯粹的审美对象来看待。具有宽容心的女人是美的，也是幸福的，就让自己在自身的美好中感受幸福吧。

淡定享受人生，看透自能包容

"人们应该彼此容忍：每一个人都有弱点，在他最薄弱的方面，每一个人都能被切割捣碎。"英国诗人济慈似乎是真正开创关于人性弱点研究的人，他发人深省地从反向论证了人和人之间应该极尽包容，因为每个人都有非常脆弱易碎的弱点，人与人之间的宽容，实际上是最为切实的自身需要。

包容别人就是给自己留余地，可这个快节奏发展的时代似乎把灵魂落在后面了，让人们忘记了什么是退让。我们经常可以在各种平台上看到诸如公交车矛盾之类的消息，造成这一问题的根源就是人的处世态度，把自利这个劣根性放得很大，而忽视了周围人的利益和感受。想做幸福的女人，就得时刻警醒，切勿被这种浮躁的风气所熏染而变得刻薄和计较，保持一颗纯净而包容的心是幸福生活的基础。没有包容心的女人，等于把自己身上的美自降了三等，无论如何也无法让人得到美的感受。

下班走进自家小区的董承听到一栋楼的二楼传来吼叫声，那声线明明出自一位女士，却发出了不同凡响的分贝。仔细听来，原来是外卖没有及时送到，这位女士想退订，那位送外卖的老大爷满头大汗地向她道歉和解释。看到大爷软弱的态度，这位女士反倒越来越有了精神，从大叫大嚷发展到夹杂着难听的叫骂。路过的人听到了，都纷纷表示太过分了。

董承也是个热心人，气不过，就上楼来帮着调解。看到这位女士的模样后，董承也吃了一惊，本来以为这个彪悍叫嚷的女人一定长得五大三粗、面目狰狞，没想到竟然是一个苗条可人的年轻姑娘。可是除了惊讶以外，董承对她一点儿好感也没有，甚至不想多看她一眼。再好看的皮囊，如果内部是一颗阴暗的心，那也只能显现出黯淡、阴冷的丑恶形态。

俗话说相由心生，知道宽容他人的女人，即使她的外形不是那么精致和艳丽，浑身也会散发出美的气息，就像头上顶着光环的天使一样吸引着众人的目光。"世界上最广阔的东西是海洋，比海洋更广阔的是天空，比天空更广阔的东西是人的心灵。"人真正的美来自心灵，宽容的心是美的，它能自然而然地显现在人的周身气质里，能带来真正的快乐和幸福。

来自大洋彼岸的一位心灵导师在其著作中提出了一项建议——推行"不抱怨"运动。要求全民和全社会都积极提倡和践行淡定从容的心态和精神境界，塑造乐观豁达的心理状态。他建议大家用更多的包容心来面对他人，用微笑和风轻云淡的态度来对待他人。即使我们遭遇了一些不应有的际遇或不公正的裁决，但那至多也只能磨损我们外在的躯壳，丝毫无法影响我们的心灵，影响我们继续善意对待他人的态度。正如西方一位哲人所说："无论你的生活如何卑微，都要面对不要逃避，更不要恶语相向。生活不会像你想的那么坏。"

唉，人呀，自己抱怨一阵又有何用！亲爱的朋友，我向你保证，我要，我要改正，我不会再像往常那样，把命运加给我们的一点儿不幸拿来反复咀嚼；我要享受现时，过去的事就让它过去吧。你说得对，我的挚友，人要是不那么死心眼、不那么执着地去追忆往昔的不幸——上帝知道人为什么这样！——，而是更多地考虑如何对现时处境泰然处之，那么人的苦楚就会小得多。

——歌德《少年维特之烦恼》

伟大的德国文学家歌德信奉人本主义，他认为生命就是要寻求它本身最大的价值，去体验丰富多彩的人生。其中关键的一点就是要在心态和精神上提高层次，在工作和学习上严格要求自己，在处世态度上则反过来要淡然和从容一些。把无法改变和挽回的事情抛在脑后，积极享受今天和探寻明天，让当下的点滴成为幸福的可靠源泉。

我们不必为了一些小事而浪费时间，多花些时间做有意义的事情，比耿耿于怀收获得要多。耿耿于怀，就是对自己自信的挫败，就是对自己前进的障碍，就是对快乐的伤害。放弃这些不相干的心灵负累，不要做一个耿耿于怀的弱者，而要做一个宽容的强者。看淡了，一切就会变得简单，生活简单了，我们就幸福了。

宽以待人，柔能克刚，英雄莫敌。海纳百川，有容乃大。在生活中，尽量不要因为一点儿小事就生气，因为你生气别人也不会知道，受伤的还是自己，然而如果别人知道你生气，可能会认为你气量小，从而失去更多。我们要学会宽容，忍常人所不能忍，这样才会达到比别人高的高度。人心不是靠武力征服的，而是靠爱和宽容征服的。

会处世的女人都具有一定的看问题、看事情的高度，她们善于俯仰观察并洞悉透彻，拥有着一种看透人生的淡定和优雅。她们对现实的利益得失早已不再牵挂，知道什么是该去考虑的，什么是可以立即抛在脑后的，她们知道不是什么事情都要分出个青红皂白，都要搞清楚是非曲直的。懂得宽容的女人永远都是美的，她们把美好带给周围的人，也从他人身上得到美好的回馈，她们的生活怎能不和谐、不幸福呢，愿你做一个能包容的女人，做一个幸福的女人。

从容面对生活，勿入刻薄旋涡

"以温柔、宽厚之心待人，让彼此都能开朗愉快地生活，或许才是最重要的事吧。"这本是日本一位著名企业家的名言，却恰恰无关金钱利益，而是跳出了商人现实一面的视角，对人性与幸福进行了体贴的考察和关怀，并一针见血地指出了幸福的产生是双方互相影响的，你对他人的善恶表达也会反馈到自身身上。

女人是感性的，但不是所有女人都把情感用对了方向，有的女人积极发挥情感的正能量，把爱带给社会；有的女人则因为曾经遭受的不公与委屈，报复性地向社会传达她的冷酷与刻薄。刻薄是个极其负面的人格特征，表现为对他人的过分苛求和无情，与宽容是两极对立的一个概念。不宽容已经是性格的缺陷，刻薄则更为让人唾弃。有的女人要求别人很严格，自己却也并没有做得很好，甚至不如别人，就很容易引起他人的反感。

孙老师是初中毕业班的班主任，工作非常认真负责，管理教学事务更是一丝不苟，但有时对学生过于严厉、矫枉过正，算得上是一位让大家又恨又爱的老师。这次期末成绩出来以后，孙老师又一如既往地点名批评了几个成绩不理想的学生，还专门让取得进步的王海浩站起来，问他是不是抄袭了别人的卷子。

王海浩平时的学习成绩属于中下等，但为人还算老实、安分，只是脑子没有其他同学那么灵活好用而已，因此他虽然也挺用功地学习，无奈成绩一直没有什么长进。可是让王海浩没有想到的是，这次期末考试的成绩竟然突飞猛进。孙老师对此也十分意外，她认为自己是洞察秋毫的，因此没有客观证据便直接给王海浩扣上了抄袭的帽子。

王海浩个性内向而软弱，不太爱争辩的他只能在孙老师的一面之词下低着头委曲求全，眼眶里却噙满了泪水。孙老师似乎发现了他的委屈和忍耐，心中稍稍一动，但又不好在全班同学面前承认错误，这件事就不了了之了。此后，王海浩的成绩又滑落到之前的水平，最终也没有考上心仪的高中，之后也没什么他的消息了……

人民教师的大忌就是对学生过于刻薄，青少年的心理还在迅速成长和成型，就像温室里娇艳的花朵一样，禁不住无情的摧残，否则可能导致其性格扭曲。老师需注意对学生进行循循善诱，不可使用苛刻、无情的话语，也不能以"为了学生好"为由肆意践踏他们的尊严。

其实，这种打着为别人好的旗号而说话肆无忌惮的事情并不少见，这些人似乎在社会的浮躁和重压下希望找到情绪的突破口，于是用尖酸的话语对周围发泄着自己的怨气。这是一种社会问题，但其根源于每个人，即使受教育的情况参差不齐，也不是可以口无遮拦伤害无辜的人的理由。

张晴刚毕业进入一家公司时，带她的那位大姐热情豪爽，给张晴提供了很多帮助和照顾，让她很快就融入了公司的工作节奏。平时她们工作交往密切，中午还一起吃工作餐，处得不错。张晴虽然很感激这位大姐，但刚从学校出来的她纯真而简单，有些无法适应大姐身上满满的负能量，几乎遇到什么事情都要评论一番。

刚开始，大姐还只是跟张晴吐槽周围的人和事，渐渐熟悉了以后，就经常批评教育起张晴来。说她明明脚上容易磨破还老穿高跟鞋，还对工作上一些本来不用计较的细节锱铢必较，甚至有一次给张晴介绍男朋友，因为她拒绝了而耿耿于怀，说她不领情。总之想得到大姐的认可和肯定是越来越难了，关键张晴还不好反驳什么，毕竟在名义上人家都是为她好。最终，张晴实在无法忍受，找了个机会跳槽了。

在我们的生活里，也可能会遇到像案例中的大姐一样性情的人，他们总是质疑一切，并用让人体验很差的语言表达出来。如果你憋着不回应，他们往往会变本加厉；如果你表达出自己的意见，他们往往会说自己的个性就是直来直去，让你别介意他的真性情。对这样的人，我们嘴上也许不会说什么，行为上肯定是敬而远之，刻薄的人朋友一定很少。

真性情并不是尖酸刻薄、肆无忌惮的吐槽，而是对功利的轻视，是对人的内在灵魂的回归。真性情的人只会更为从容和淡定地面对一切情势和变故，不会为一时的不公而斤斤计较，也不会为一时的委屈而睚眦必报。他们看中的是生命的本源价值，而不是实际的具体利益。

追求幸福的女人必然要远离刻薄的暗流，避免落入湍急的旋涡中不能自拔。远离刻薄的阴影，从根本上说就是要跳出浮躁的现实，跳出对具体利益的纠缠，只有从内心里不再纠结于个人得失，从心理上放下尘世的牵扰，才有可能风轻云淡地应对生活，心平气和地享受生命。

聪明的女人懂得刻薄的危害，她们经历了和苛刻的人在一起的难过遭遇以后，将待人刻薄的人作为自己的一面镜子，告诉自己不能走上那条众叛亲离的不归路。想得到幸福的女人总是包容地对待任何人，甚至包括对自己怀有恶意的人。她们明白，很多人、很多事是无法改变的，与其劳心受累地无济于事，不如做好最美的自己，做受人欣赏、能给人带来快乐的自己。

不妨把心放宽，品味当下幸福

"二月已破三月来，渐老逢春能几回。莫思身外无穷事，且尽生前有限杯。"唐朝大文豪杜甫是一位现实主义诗人，诗风凝练陈郁，满怀对国家和民族的感情与寄望。但这句诗独具特色，表达了他对生命本身的热爱，该放松的时候不妨放下一切享受当下，把精神压力撇在一边，显示了诗人的人本情怀。

所谓的放宽心，其实就是要排除内心各种虚妄的念头，有效地屏蔽外界五光十色的物质吸引，让自己乐于享受当下平静的生活。它看起来好似很简单，实则不容易做到，尤其在现在这个各种诱惑铺天盖地的时代，人更难以平静自己的内心，总是跟风追逐浮华的外在虚荣，不自觉地就被拉入忧虑的旋涡中不能自拔。

放宽心的关键，是能够理解忧心忡忡或瞻前顾后并不能解决事情，反而会成为自己的负担。聪明的女人从来不会强求某事，即使那件事、那个人对她具有极其强烈的吸引力，当她客观地判断出为了达成某事需要付出过于沉重的身心代价时，便会微微一笑忽略之，继续从容地去做自己力所能及的事，享受自己眼前的美好。

学姐刘贺在一所 985 大学里读研，眼看着到了毕业季，平时各项考核都十分优秀的她，竟然也会焦虑起来。其实她已经得到了一家世界 500 强公司的聘用，实习期满就可以直接转正，可以说大好前途正等待着她，算得上半个人生赢家了。可即使人生有了着落，她脸上还总是挂着忧郁，让人总觉得她在担心着什么。

和刘贺一起吃饭的时候，总可以听到她没完没了地说着对未来的不确定的各种分析：选择这个的好处，选择那个的坏处；做这个的优势，不做那个的劣势……让人听了就有一种沉重的感觉，好像她的生活是精密设计的程序，一定要精准地完成最佳运算才是理想的，才是能够接受的，好像任何一点儿不尽如人意都会产生莫大的遗憾，让她无法接受。

刘贺过于相信人的主观能动性，过于相信个体对命运的把控，而忽略了生命原本的意义。她有时候担心学的东西没有实际效用，有时候担心工作岗位不能给她提供最好的发展平台，甚至担心未来的老公不是最佳伴侣……她总是想得太多，因此总给人一种自利心太强的感觉，让他人从直观上就能感受到不快与排斥。

女人不能好好享受既得的幸福，归根到底是心态的问题，过分焦虑于各种可能得不到又特别想获取的利益和成就。放宽心就可以让自己快乐，这是多么通达快捷得到幸福的方式，在文学作品里，我们也可以找到一些鲜明生动的例子，不妨作为我们思想和行动的参考。

在表面上祥和美好，实则暗流涌动的大观园里，上至小姐、下至丫鬟，个个都噤若寒蝉、小心翼翼，而史湘云实在可以算得上是一个另类。她自小父母离世，身世孤苦，失去庇护的她甚至要被迫做活计到半夜，和别的姑娘小姐相比，算是受尽了委屈。而她并没有让处境破坏自己的心境，甚至比生活更为优越的姐妹们更加无忧无虑，宽心畅意。

"你这么个明白人，怎么一时半刻的就不会体谅人情。我近来看着云丫头神情，在风里言风里语的听起来，那云丫头在家里竟一点儿做不得主。他们家嫌费用大，竟不用那些针线上的人，差不多的东西多是她们娘儿们动手。为什么这几次她来了，她和我说话儿，见没人在跟前，她就说家里累得很。我再问她两句家常过日子的话，她就连眼圈儿都红了，口里含含糊糊待说不说的。想其形景来，自然从小儿没爹娘的苦。我看着她，也不觉得伤起心来。"

……"我和你是一样的人，但是我就不像你这么心窄。"

……果见湘云卧于山石僻处一个石凳子上，业经香梦沉酣，四面芍药花飞了一身，满头脸衣襟上皆是红香散乱，手中的扇子在地下，也半被落花埋了，一群蜂蝶闹穰穰的围着他，又用鲛帕包了一包芍药花瓣枕着。众人看了，又是爱，又是笑，忙上来推唤挽扶。湘云口内犹作睡语说酒令，唧唧嘟嘟说：泉香而酒洌，玉盏盛来琥珀光，直饮到梅梢月上，醉扶归，却为宜会亲友。

——曹雪芹《红楼梦》

相较于小说中大多数人的瞻前顾后、患得患失，史湘云身上更有一种超脱、飘逸的魏晋之风。这种坦然、从容和大观园的一干人形成了鲜明对比。史湘云宽心对己、宽容对人的洒脱风范，不仅让她在众人里人缘极好，她自己也纵情享受着生命本真的快乐。

无论是相对强势的男人，还是相对弱势的女人，其人生之路总会有各种曲折和磕磕绊绊，甚至会遇到迈不过去的几道弯和几道坎。一些不如意的事情或是让你不开心的人，如果绕不过去，就不妨睁一只眼闭一只眼吧，所谓难得糊涂，女人何苦跟自己过不去。不如将心放宽，顺其自然地享受当下，就如品尝一杯茗茶一样，要细细地玩味其中滋味。

追求幸福的女人知道不应去强求任何事，但也并不是消极、被动地面对生活、面对他人，她们心中仍充满了对爱与美的憧憬和向往，只是在心态上更为淡然，尽人事而听天命，不会纠结于得失成败。幸福的诀窍就是放宽心，它看上去简单易学，实则需要心灵经过时间的磨砺与洗刷，之后才能变得通透晶莹，才能够领悟和践行。聪明的女人努力生活但从不勉强，幸福的滋味就自然而然地来到了。

不必斤斤计较，尊享豁达人生

"一个人的快乐，不是因为他拥有的多，而是因为他计较的少。"拥有的多少不是决定人快乐的根本因素，人甚至可以说本就不能拥有什么，因为人拥有的一切原本都属于大自然。仔细想想就会发现，人、物质和精神都是有机结合的整体，无所谓谁拥有谁。这就好像恋爱中的男女双方天真地认为拥有对方，实则他们依旧是单独存在的个体。

人的现实状况千差万别，但生活内容的差别不是影响幸福的决定性因素，因为幸福只是一种感觉，它不在于吃得多好、穿得多暖，而在于人对生活的看法和态度。相比思想狭隘的人，豁达的人更容易体会到更多幸福。豁达是和狭隘、斤斤计较相对的一个概念，指个体开阔的胸怀和开朗的性格，能够容纳更多人生的不堪与他人对自己犯下的错误。豁达是一种乐观、洒脱的态度和品格，也是一种较高的精神境界，它体现了主体超脱的人生观和价值观。

著名文学家和翻译家杨绛活了一百多岁，除了规律而健康的生活习惯以外，她的长寿主要得益于她豁达而开朗的人生态度。她一生淡泊名利，也没有复杂的人际往来，只喜欢风轻云淡地过自己与世无争、安安稳稳的日子。杨绛的爱好无非是看书和写作，这在充实她的生活的同时，也滋养了她坦然而淡雅的心灵的成长。

根据她的街坊和亲友的回忆，杨绛从未像大多数人那样，为了防贼而把阳台密封起来，她希望坐在屋子里就可以展望天空。她平时的生活也非常节俭、自律，饮食清淡健康，坚持做体育锻炼，所以一直到去世头几年都还能保持矫健的身姿。她把写作作为自己毕生的事业，却从未将它视为让自己功成名就的工具，甚至当出版社帮她的文集大造声势时，她也只是笑笑自嘲了一番，她从内心里希望大家忘记她。

杨绛一直把物质利益看得很淡，那对她似乎没有丝毫吸引力。她的收入并不高，却都交予了清华大学代为管理，并用于创立资助贫困学生的基金，几十年累计起来价值不菲。她最为自豪的不是她的才能，而是自己那份"忍生活之苦，保其天真"的初心。在她人生的最后几年，回顾自己的百岁人生时，欣慰的是总能做真实的自己，从未被狭隘所困。

杨绛先生用自己的生命历程，为我们上了一堂生动的关于人生意义与价值的课。在我们漫长的生命旅程里，当面对诸多诱惑和选择时，不妨在夜空下静静地仰视静谧的天空，思索自己心灵真正的归宿，给自己的灵魂耕耘一片独特的绿地，在上面潜心播种理想的种子，并按照自己的想法坚定地走下去。终有一日可以开出幸福的花朵，让芬芳的花香馥郁你的生活。

回首我们一路走来的不算很长的人生之路，也不失为一段独特的经历和有趣的回忆。尤其是你经过努力实现了某个目标的那段过往，更是可以让人想起来就嘴角微微上扬。年轻人靠希望活着，老年人靠回忆活着，忘却那些耿耿于怀的不甘，毅然走向下一个驿站，才能让人生路更为丰富多彩。

稿子交出去了，卖书就不是我该管的事了。我只是一滴清水，不是肥皂水，不能吹泡泡。

……读书好比隐身的串门，要参见钦佩的老师或拜谒有名的学者，不必事前打招呼求见，也不怕搅扰主人。

……我今年一百岁，已经走到了人生的边缘，我无法确知自己还能往前走多远，寿命是不由自主的，但我很清楚我快"回家"了。我得洗净这一百年沾染的污秽回家。我没有"登泰山而小天下"之感，只在自己的小天地里过平静的生活。

……健康是人生基石，事业好比在基石上筑起来的大厦。人的一生，健康会像影子一样处处跟随着你。你重视它，它会给你带来快乐与幸福。你忽视它，它也会给你带来疾病与痛苦。

——杨绛

静静体味杨绛先生在参透百年孤独后说出的朴素的至理名言，能使人感觉到返璞归真的从容和优雅，如沐春风，心灵的雾霾也好像被吹得无影无踪。返老还童是每个人的梦想，而豁达开朗的人生观似乎让这个梦想不再遥远，人在心理上保持年轻要比在生理上保持年轻容易得多，只要内心有这个积极的暗示，就可以立即回归童年的本真，体会无忧无虑的幸福人生。

女人不能狭隘，那实际上是对生活的一种歪曲和误读。人就像一面镜子，有的凹凸不平，有的平整光滑，你自己是什么样的，就能反射出什么样的事物，映射出什么样的景象。水波不惊的池塘中投射出的美妙月影，假如放到海洋中，汹涌的海浪是无论如何也倒映不出美妙绝伦的如画月色的。

寻找幸福的女人不能斤斤计较于生活的琐事，要明白生活是一门艺术，它的美取决于个体怎样去欣赏它，从什么角度去欣赏它。如果现在的生活不是你喜欢的艺术品，那么不妨换一块画布，重新调配颜料，耐心地构思理想的生命框架，在上面添枝加叶，描绘出丰富的色彩。而这一切，都需要你拥有一颗宽阔而开朗的心，急功近利是和这种过程格格不入的，那只会把你拉入利欲的激流中，把你冲入世俗的旋涡里。幸福其实就是要做自己，做自己喜爱的事情，做能让自己开心的事情。

但是，放宽心也并不是说要放弃追求，如果消极被动地生活，那岂不成了木偶人？聪明的女人知道如何选择、取舍。就像在果园里摘果子，明明有那么多力所能及的可口果实等着我们去收获，何苦为了那高高在上、遥不可及的果子而空费劳力呢，就为了一个结果、为了一个空名而虚度人生，那绝不是幸福生活的来源。

进退无关输赢，安享海阔天空

"要是你无法避免，那你的职责就是忍受。如果你命运里注定需要忍受，那么说自己不能忍受就是犯傻。耐心是一切聪明才智的基础。"古希腊大贤柏拉图对命运与人生的矛盾进行了深刻剖析，他将人在受到不可控力影响时需要做出的选择进行了清晰表述，表明了对命运要采取科学对待的态度，不能仅凭一己之力勉强为之。

在人际交往的过程中，我们都提倡"忍一时风平浪静，退一步海阔天空"，这并不是消极示弱或被动退步，而是一种科学而智慧的人生态度。女人在社会中行走，总会与形形色色的人打交道，也难免会遭遇误解或蔑视等委屈。面对这些负面因素时，不一定就要据理力争，博个长短，不若退一步海阔天空，毕竟进不一定会赢，退也不一定会输。

小鹿进入大学以后，发现周围的女孩儿都很时尚漂亮，自己却像个丑小鸭一样，在众多天鹅面前相形见绌，因此每天都生活在自卑之中。在实在忍受不住巨大的心理压力时，她通过视频聊天向远方的妈妈哭诉了自己的消极情绪。妈妈笑着说："你觉得地上爬着的虫子好看吗？它们的样子都不好看，让人讨厌和排斥，可是当它们破茧成蝶的时候，却会展现出惊世骇俗的美。我相信你也会越来越美。"

小鹿恢复了自信和勇气，并向班级里暗恋的男生写了表白信，结果遭到了对方的拒绝。妈妈知道了，在视频里这样鼓励女儿："破茧成蝶总需要时间和过程的积累，不是一朝一夕就可以看到成效的，等你通过书籍为自己塑造了美丽的心灵，变成了真正的彩蝶时，其他蝴蝶也会和你一起比翼齐飞的。"

其实，小鹿的妈妈让女儿去做的，无非是以退为进，在自己无法改变的事实面前，能后退一步，但这不是投降和放弃，而是找寻自己应该走的那条路。后来，小鹿果然在学业有成后得到了颇具慧眼的男生欣赏，走进了幸福的婚姻殿堂。进退的确无关输赢，而是一种人生策略，就像"敦刻尔克大撤退"一样，后退也是一种进攻。

"一个人的价值和力量，不是在他财产、地位或外在关系，而是在他本身之内，在他自己的品格中。"这句西方哲人的话把人生意义与价值剖析得入木三分，人其实就是为自己的心而活，人生的价值也不外是一种丰富多彩的生命体验，哪来什么输赢和进退呢？真实而坚定地走自己的路就好。

女人也并不是为别的个体而活着的，不是为了讨好任何一个人而存在的，欣赏你的人无论怎么样都会坚定地站在你的身边，而不认可你的人，就算你掏出心来对方也未必领情。所以，人和人之间根本不存在所谓的赢和输，退一步海阔天空并不是倒退，而是从不待见你的人身旁退避三舍，让自己被遮掩的心重见天日，这就是一个自我救赎的过程而已。

大学里的男生正值意气风发、年轻气盛的年纪，在运动场上，大家争先恐后、力争上游。尤其是当周围有女生围观时，那更是他们表现自我、绝不让步的时候。晚上七点多，大家吃完饭，陆续来到操场锻炼身体，一位肌肉发达的男生正在举杠铃，旁边站了一群漂亮的女同学围观。他竟然连续举了十个，女同学们发出了赞叹声，他也膨胀地夸口："这学校没人能举十个，我敢保证，谁能举十个，我就从他的胯下爬过去！"

一个路过的同学便走上来试举，他的个子虽然不高，却非常结实，戴着红帽子。那个夸下海口的男生起先不屑地看着他，心想他绝对举不到五个，没想到这个名不见经传的同学在不慌不忙已经举了七个、八个、九个……夸口的男生脸色煞白，没想到"小红帽"在做完第九个后就放下了杠铃，说："举不起来了……"旁边的女同学都没吭声，但都从心眼里佩服他。

退一步海阔天空的最高境界，就是"小红帽"所演绎的：明明可以进，却为了照顾对方的面子而自愿退让。当然，这要基于事情的无关紧要性。上面这个故事也说明，崇高的人格魅力是无法用输赢来衡量的，心灵的闪光高于一切物质利益或世俗荣誉的评判，因为它是人类最高价值的体现，也是人生的终极目的。

随着社会多元化与综合化的进一步加深和演化，一个人想要取得成功是越来越难了，它不光考验个人的主观努力，还需要兼具客观环境和诸多配合，甚至还得有点儿运气才行。女人作为社会上相对弱势的群体，尤其难以取得理想上的成功。在人生路上遇到挫折的时候，与其拼得焦头烂额而于事无补，不如淡定从容地退一步海阔天空。在这个急功近利的社会里，对待人生的心态不可过于苛求，须知进不一定会赢，退也不一定会输，在力所能及的范围内尽力就好，只求无愧于心。

女人在追寻幸福的过程中，遇到最大的敌人可能就是不能放下，因为患得患失而不愿后退一步，让自己疲于追求各种虚妄而不切实际的目标，最后即使赚得蝇头小利，也无法和付出的精神与心灵损耗相对等。女人要明白，退一步海阔天空不是消极被动地放弃努力，它主要是提倡一种从容、豁达的处世态度，得之我幸，失之我命。聪明的女人知道拿捏进退的尺度，知道什么时候要积极努力，什么时候要果断放弃，这些都无关现实利益，而是听从内心的召唤，去过自己真正想要的生活，幸福的真谛也不外如此。

塑造内在涵养，乐享淡定人生

"啊，有修养的人多快乐！甚至别人觉得是牺牲和痛苦的事他也会感到满意、快乐；他的心随时都在欢跃，他有说不尽的欢乐。"车尔尼雪夫斯基的感慨多么发人深省，他指出人的胸襟与涵养不是单单为了体现个人修养，是为了自身能借此体会到更多快乐与幸福。

涵养主要指人格的修养，有涵养的人可以安抚自己的心灵，让自身得到愉悦，让他人感到舒心和惬意。因此，涵养本身就是一种美，而且不会随时光的流逝而凋零。涵养其实就是知识、见识、思想、气度、礼仪之类优秀品格的综合体。有涵养的女人永远胜于缺乏涵养、虚有其表的女人，因为靓丽的外表只能博一时之欢，却很难长久。当然，女人若能内外兼修、秀外慧中，那就更为难得了。

做人有涵养是一种高层次的处事风格，它通常能够摆脱流俗的观念束缚，跳出一般的利益纠葛去看问题。有涵养的女人追求精神层面的陶冶与塑造，这与她们身处什么样的境地、做什么工作无关。比如说生意人，有人认为生意人会赚钱就可以了，其实不然，越是生意人，才越要有一定的修养，这不光关乎职业道德，还决定了他的事业能走得多高多远。

　　一个很喜欢传统陶瓷器具的青年来到一家小店里选购工艺器皿，他看中了一套设计非常精美的茶具，档次不凡，价格也不菲。店主耐心地帮他讲解这套茶具的精妙之处，告诉他这是自主设计的风格，还得过奖。正当这位青年决定购买时，店主却不慌不忙地指出了这套茶具的一个缺点，那就是实用性不强，喝茶时要小心烫着，青年想了想便放弃了。

　　青年又看中了一个漂亮的陶瓷瓶子，正决定把它买下来，没想到店主又告诉青年，那不是本店的特色设计。青年听了，既纳闷又窝火，问店主到底想不想卖货。店主笑了笑，说就是因为想做好生意，才要讲究诚信嘛！原来，店主始终是把这摊生意当成事业来做的，而不是简单粗暴的一锤子买卖。他看到青年确实很喜欢这些工艺品，便热情地留他一起吃午饭，顺便深入探讨相关问题。

　　席间，他们热烈讨论着业内的见闻，店主才几岁大的孩子则安安静静地端着小碗吃饭，他把碗里的米饭吃得一粒都不剩，吃完便自己去厨房洗碗。涵养确实是可以传承的财富，那是一种能让自己和他人都受益良多的特质，它能够提升整个社会的精神面貌，让每一个身处其中的人都可以受到感化。

　　所谓的工匠精神，其内核就是职业精神中的涵养，要求人能够潜心下来做事，把关注点投入到事业的内涵塑造中去。因为生命价值要求我们首先要做人，做事的风格则基于为人处世的标准，而不是仅仅做面子工程。这位店主淡定的处世态度突显了他内在的涵养，让顾客产生了宾至如归之感。

女人的涵养也决定了她是否可以淡定处世，女人无法选择自己的面容，但必须有一定的涵养。一个有涵养的女人对人对事时能体现出很高的素养。做一个有涵养的淡定女人，更是可以充分显现女人的内涵，她的善良、气质和温柔以及适时地以退为进，都无不显示出十足的女人味，让人感受到浓浓的女性气韵。

教养和文化是两回事，有的人很有文化，但是很没教养；有的人没有什么太高的学历和学识，但仍然很有教养、很有分寸。

一个人的涵养，不在心平气和时，而在心浮气躁时；一个人的理性，不在风平浪静时，而在众声喧哗时；一个人的慈悲，不在居高临下时，而在人微言轻时；情侣间的尊重，不在闲情逸致时，而在观点相左时；夫妻间的恩爱，不在花前月下时，而在大难临头时。

我喜欢收拾家，这是一种心境，收拾完特干净，会觉得很舒服。我觉得男人最大的时尚就是多在家待一待。其实把所有该回家的人都召回家，这个社会就会安定许多。现在有多少不回家的人，不是因为事业，而是在酒桌上、歌厅里。如果晚上每个家庭的灯都亮了，也是一种时尚。

现在整个社会都得了"有用强迫症"，崇尚一切都以有用为标尺，有用学之，无用弃之。许多技能和它们原本提升自我、怡情悦性的初衷越行越远，于是社会变得越来越功利，人心变得越来越浮躁。

——陈道明

容貌、经济和背景并非衡量女人是否成功的标准，真正决定她们外在魅力的是骨子里的涵养。有涵养的女人可以从容不迫地面对生活的任何变故与不堪，本来要好的朋友对你隐瞒一些事情，你何必刻意揭露；看清了一件事情的本质，又何必去深究。每个人都有看着不顺眼的人和事，一如有很多人看不惯你一样。成熟的女人不会刻意去争抢，而是会适时放弃，即使那代表着痛苦，也不一定非要纠缠着不放。有涵养的女人能从容面对伤害，并不是不在乎伤痛，而是知道受了伤只能自己默默地舔舐修复。

没有人会对你的快乐负责，不久你便会知道，快乐得你自己寻找。把精神寄托在别的地方，过一阵你会习惯新生活。你想想，世界不可能一成不变，太阳不可能绕着你运行，你迟早会长大——生活中充满失望。不用诉苦发牢骚，如果这是你生活的一部分，你必须若无其事地接受现实。

——亦舒

人需要有点儿胸襟和涵养，因为人的胸怀有如容器，它的大小因人而异，但相对每个人来说，容量总是有限的，你在里面放多了忧愁，就会少放多少快乐。人生如果白驹过隙，它没有返程的机票，女人只要好好善待自己就好，珍惜当下的每一分每一秒，不用为了现实的蝇营狗苟而走得过于匆忙，花心思去做自己爱做的事吧。

一个女人的涵养和气质是内在修养自然散发出来的魅力，有胸襟和涵养的女人才有真正的女人味。她们无论身处何时、何地，都是最亮丽的风景线。身为女人，要想成为最美的自己，就必须不断提升自己。因为涵养贵在养成，那是一个长期不断主动塑造的过程。感性的女人要学会用理智控制情绪，给自己和他人一点儿宽容。寻求幸福的女人一定要远离锱铢必较的流俗旋涡，才能淡定、优雅地享受幸福。

乐观处世，生活处处是阳光

人们常把女人比作花朵，而花朵离不开阳光。如果一个女人的心里充满阳光，那么她必定是乐观的。乐观的女人总是能乐观地面对生活中的困难，她们积极向上、善于控制情绪，能够笑对各种艰难险阻、抚平内心的创伤，并且懂得珍惜，好像再沉重的困境也抢不走她们的笑容。所以，乐观的女人必定是幸福的、明媚的。

快乐面对生活，实为最佳选择

"一个人如能让自己经常维持像孩子一般纯洁的心灵，用乐观的心情做事，用善良的心肠待人，光明坦白，他的人生一定比别人快乐得多。"人生的价值就是追寻快乐，这是个最为浅显普通的道理。时光匆匆地向前奔跑，哪有时间纠结于那些忧愁与烦闷呢，不妨回归本真，享受现下的快乐吧。

快乐是精神上的一种惬意之感，能够让人得到内心的满足，也是自内而外透出的一种十分舒适的感受。想得到快乐很简单，和你爱的人在一起干什么都是快乐的，做自己喜欢的工作也能品尝到持续的欢快之情。快乐和金钱、荣誉等外在因素无关，根据学者的研究：人的快乐程度和工资高低并没有密切联系，实际上高收入还对人的快乐体验有反作用，因为高收入意味着要承受更多的压力和负担，人会变得焦虑不安，缺乏安全感。

张阿姨是小区里的热心人，她快人快语、古道热肠，喜欢帮助邻里们做一些力所能及的事。大家都非常喜欢她，看她整天笑呵呵地忙来忙去，认为她肯定生活富足、儿女孝顺。可了解张阿姨的人都知道，她的生活并不那么光鲜。几年前，她的女儿因为绝症离开了人世，白发人送黑发人的痛苦只有她自己知道。后来，老伴儿又因患关节炎行动不便，卧床至今已有两年了。在这些"愁煞人"的事情面前，张阿姨竟然能保持那么轻松的心态，让人不禁为之赞叹。

有人也替张阿姨感到担心，告诉她："别什么事都埋在心里，硬撑着会得心病的，有苦就倒出来，大家都乐意帮你。"张阿姨笑着说："现在确实是没有什么困难，老伴儿我自己能照顾。我也并不是装作风轻云淡，我心里的苦水早就倒在下水沟里了，其实没有什么需要抒发的情怀。"看着对方半信半疑的神情，她继续笑着说："我只是接受和品尝了生活给予我的一切酸甜苦辣咸，我觉得抱怨也没有什么用，既然未来还有那么多可以去尝试的幸福日子，为什么还要纠结于以前的不幸呢？我现在就想为大家多做点儿事，这个过程本身就很幸福，我已经很满足了。"

阻碍人们体验快乐情绪的，主要是人自己的永不满足。每个人都有自己当下的目标，比如考取某重点大学、找到某个心仪的工作、找到一位心爱的伴侣等，但完成当前的目标并不会给我们带来足够的满足，因为我们马上就要转向下一个目标了。人们总是想得到新的东西，达成新的成就，并且永不停歇地往前奔跑。就像一位哲人说的："人们走得太快，灵魂都落在后面了。"女人要放慢追逐虚荣浮华的脚步，享受当下的快乐，就如俗话说的"人到无求品自高"，放下虚妄的念想，就能从下一秒开始享受快乐。

换了新香氛的香体乳。冲完凉然后慢慢擦。慢慢擦。全身布满玉兰花香软绵绵的味道。是我微小而又确切的幸福。终于狠下心买下喜欢了很久很久很贵很贵的围巾。是我微小而又确切的幸福。收到寄来最新期的《POPTEEN》和《AGEHA》。看到舟山久美子和美唏新照片华丽丽。是我微小而又确切的幸福。我把牧野由依的歌曲设置成你的来电铃声。只属于你的。每当手机响起这首歌，是我微小而又确切的幸福。每天跟妈妈通电话，听到她的声音，听到她讲生活的琐碎，是我微小而又确切的幸福。凌晨三点，输液室，体温40℃，你走很远很远买麦丽素给我吃，是我微小而又确切的幸福。

——村上春树《格兰汉斯岛的午后》

　　寻找快乐对一些人来说很简单，却也着实难住了很多人，因为每天身处纷繁复杂的喧嚣世界里，有太多烦恼和负担萦绕在心头挥之不去，有太多的风雨要去经受。所谓人生在世，不如意者十之八九，生活中遇到挫折和打击是正常的，关键是怎样去积极调整自己低迷或浮躁的心绪，如果听其任意在痛苦和忧郁中徘徊，就会犹如深陷沼泽难以自拔了。寻求幸福的女人要做的其实就是积极主动地调整自己的心态，驾驭自己的心灵，用乐观向上的精神去觉悟和营造自我的快乐。

　　其一：夏七月，赤日停天，亦无风，亦无云；前后庭赫然如洪炉，无一鸟敢来飞。汗出遍身，纵横成渠。置饭于前，不可得吃。呼簟欲卧地上，则地湿如膏，苍蝇又来缘颈附鼻，驱之不去。正莫可如何，忽然大黑车轴，疾澍澎湃之声，如数百万金鼓。檐溜浩於瀑布。身汗顿收，地燥如扫，苍蝇尽去，饭便得吃。不亦快哉！

　　其廿三：久欲觅别居与友人共住，而苦无善地。忽一人传来云有屋不多，可十余间，而门临大河，嘉树葱然。便与此人共吃饭毕，试走看之，都未知屋如何。入门先见空地一片，大可六七亩许，异日瓜菜不足复虑。不亦快哉！

——金圣叹《不亦快哉》

在复杂而快节奏的脱离自然的社会里，快乐的模样确实是需要人沉下心去体会和捕捉的，身边那些本来触手可及的快乐源泉，都被五光十色的浮华所掩盖了。因此我们周围并不缺少快乐，而是缺少一颗善于探寻和发现趣味的心灵，缺少可以淡定从容生活的优雅心态。这里要注意的关键是切勿攀比，人们来到世界上都是不同的个体，就像雪片一样没法找出完全相同的两片来，既然大家生来就不同，又何从比起？努力而安然地做最好的自己就好。

女人想要发现快乐，是需要淡定的心境的，放低姿态观察周围的日常情趣，乐于做一个平凡的小人物，享受平凡的快乐，这需要从不一样的视角来看待和思考问题，力图摆脱世俗的牵绊。但放下一切享受快乐，也不是说要消极被动地面对生活，享受快乐是一种淡定优雅的处事态度，并不是自甘堕落地放纵感官欲望。女人要想得到幸福的生活，除了坚定地向自己的前路奋进以外，还要善于给自己减压，调整工作与生活的比例和节奏，享受最大化的幸福和快乐。

胸怀积极心态，永远女性魅力

"能看到每件事情好的一面，并养成一种习惯，还真是千金不换的珍宝。"这句西方哲人的至理名言对我们看待事物的心态是一种启迪，因为人的本性就是趋利避害的，因而似乎更容易注意到事物的负面因素，并唯恐避之不及。而女人养成一种积极的心态，可以帮助她们更多看到事情的美好一面，并展现更多女人的精神魅力。

拥有积极心态的人，从内到外都给人一种神采奕奕、精神焕发的锐气感，不仅自己周身充满了生机，也会给周围人带去活力，给他人鼓舞和享受。积极心态主要指个体对周围的人和事的充满正能量的态度，它是和消极态度相对的一个概念。每个人的心中似乎都存在着两种人生态度的矛盾对抗，当消极心态占上风时，整个人就会无精打采、死气沉沉；当积极心态占上风时，人就会浑身焕发出向上的气息，充满耀眼的魅力。

李若彤在早期的电视荧幕上，给观众留下了仙女下凡的深刻印象，近期她又出现在公众面前。时隔那么多年，她的气质还是那么清新脱俗，晶莹剔透的肌肤和苗条玲珑的身段给人穿越时空的感觉，浑身透出的青春活力仍可以牢牢抓住人的眼睛。她的"逆生长"现象不能不说在很大程度上得益于她在面对生活的酸甜苦辣时的积极心态。

李若彤自小家境贫寒，但自己很努力，学习成绩一直很出众，在事业上也进步迅猛。可之后在感情生活上受到重大挫折，再加上父亲的病重去世以及自小就有的顽疾的困扰，使她的整个身心受到了巨大考验。一直牵挂着她的现状的众多粉丝，被她这次重出江湖显现出的风采完全打消了心中的担忧。也许是她自带的灵气让她及时领悟和践行着积极的人生态度，帮助她坚强地从阴霾中走了出来，并如凤凰涅槃般浴火重生。

在接受记者采访时，她淡淡地说："你恨一个人其实很傻的，你恨一个人是折磨自己，你恨一个人很辛苦；恨一个人，你不会因为恨他，自己就变得开心，你反而把自己给毁了。我不恨他，我觉得他还是一个好人。"对于曾经给自己带来伤害的人的宽容，是她积极面对人生的一种鲜明体现，这也帮助她即使到了女人褪色的年纪，仍然能保持年轻靓丽的气息，保持她独特的美丽，并用最好的自己去迎接每一个明天。

感性的女人往往把情感看得很重，也有很强的依赖感，一旦她们倚靠的感情基石崩塌，就会变得好像失去了整个世界一样痛苦和迷茫。李若彤却坚强地战胜了自己，虽然表面看去如弱柳扶风般脆弱，意志上却显现了不一样的坚强。她从消极的悲伤中及时走了出来，用积极对待生活的精气神儿重新激发自己的活力，让自身魅力永存，永驻芳华。

拥有积极心态的人总是可以看到事物有益的一面，这无形之中也给了自己更多的机会，让人生之路更为丰富多彩，充满了更多的可能性。而消极心态的人做事总是会束手束脚、患得患失，看到一点儿不利因素便不敢迈出脚步，这样无异于封闭了自己前进的路。

20世纪，日本的一位年轻人只身去东京寻找机会，他身上没有带一分钱，当他发现自己连水都买不起的时候，内心首先泛起的不是绝望与无助，而是由衷地感叹："原来这里连白水都可以卖到钱，东京确实不错，我也一定能在这里立足！"后来，他果然成了一位著名企业家，创造了全球知名的品牌。当初支撑他成功的关键就是那份积极乐观的心态，对什么事物都能看到它正能量的一面。同样，每天都有很多人去东京谋求发展，却被那冷漠而苛刻的生存环境吓倒，还没有尝试便放弃了。

女人就像花朵，积极的心态则像阳光和雨水，能让女人的心灵更为茁壮地成长。按照一位成功学大师的话来说："积极的心态就是心灵的健康和营养，能吸引财富、成功、快乐和健康；消极的心态却是心灵的疾病和垃圾，不仅排斥财富、成功、快乐和健康，甚至会夺走生活中已有的一切。"女人在社会生活中总会遇到各式各样的挫折和阻挡，这时候不能消极等待或规避，而是要用积极的态度迎难而上，体现阳光干练的一面，尽显女人向上自立的魅力。

　　当我偶尔对人生失望，对自己过分关心的时候，我也会沮丧，也会悄悄地怨几句老天爷，可是一想起自己已经有的一切，便马上纠正自己的心情，不再怨叹，高高兴兴地活下去。不但如此，我也喜欢把快乐当成一种传染病，每天将它感染给我所接触的社会和人群不应该追求一切种类的快乐，应该只追求高尚的快乐。

——德谟克利特

　　积极的心态会给女人带来诸多益处，在现实生活中，它能让女人更有勇气和动力去克服困难；在精神状态上，它带给女人更为神采奕奕的精气神；更关键的是灵魂上的塑造，它给女人的心灵插上了隐形的翅膀，让女人的灵魂从现实的羁绊中挣脱出来，去挑战和越过思维的边界，追寻更为丰富多彩的幸福人生。拥有积极心态的女人是幸福的，她们的心头永驻芳华，她们的眼睛也会显现出闪光的魅力。

面对艰难险阻，自以乐观处之

　　"乐观是希望的明灯，它指引着你从危险峡谷中步向坦途，使你得到新的生命、新的希望，支持着你的理想永不泯灭。"人在宇宙中是十分渺小的存在，羸弱的个体在面对看似不可能跨越的困难时，往往会产生畏惧和消极的心理，从而畏惧不敢向前，人在这时候最需要乐观心态的支持，才能坚定地迎难而上。

女人在追逐梦想、追寻幸福生活的过程中，不会总是坦途，难免会遇到曲折和困难阻碍前进的方向，这时除了依靠理性的努力克服险阻外，还特别需要乐观的心态作为感性上的支撑。乐观是一种积极向上的处世态度，乐观的人认为，即使再被动的状况也能依靠自身的主观能动性妥善解决。它体现了一种正能量的自信心，即使明知某件事做了不会有丰硕的利益，也可以纯粹为了过程和体验去做，为了幸福的滋味去做。

孙雯是个热情而有活力的姑娘，对什么事情都充满了好奇心。她在读研期间，颇受导师的喜爱和照顾，别的同学在羡慕她的运气的同时，也多少有些吃醋，有的甚至在背后议论。但是孙雯并没有受丝毫影响，每天很规律得早睡早起，迎着清晨的第一缕阳光诵读英文名著，课堂上积极和老师互动，晚上吃完饭还在操场上进行锻炼。

有一次大家聚会，一位同学两杯啤酒下肚就管不住嘴了，问孙雯为什么这么努力，毕业了无论谁成绩好点儿，找的工作不也大同小异，难道就为了让导师开心，问她到底图什么。孙雯笑着说："我早知道你们有这个疑问，我说我什么都不图你们信吗？我其实就是乐于学习这个过程而已，是一种兴趣。说句话你们别骂我，你们平时叫苦连天的作业，我还嫌做得不过瘾呢！"

孙雯的导师在大家毕业聚会的时候也敞开心扉地说："我知道大家对我偏袒孙雯都颇有微词，我也承认确实有些偏向的成分。可那是我对她学习态度所体现出的纯真心性的真心喜爱，她学习并没有大多数人所抱有的那种功利心，她不是为了什么具体的目的而做，只是因为爱做而去做，岂不闻'知之者不如好之者，好之者不如乐之者'。就拿一个最简单的例子来说，我平时让大家做的不计入学分的课外实践，除了孙雯，有几个人去践行了呢？就凭这一点，你们就得服气吧？"

孙雯能够做到乐在学中，其实就是因为有足够的乐观心态的支撑，让她能够放下所有多余的想法和心思，不受灯红酒绿的外界诱惑，全身心地投入到喜欢做的事情上去。时间是个客观概念，但它的长短会因为主体心境的不同而体现出相对的差异。就像我们跟自己喜欢的人在一起谈天说地，会感觉时间过得好快，而跟自己讨厌的人在一起，就会觉得时间像被定格了一样。天上一日，地下一年，天上的人过着神仙日子，快乐无比，自觉时间一晃就过去了，感觉只过了一天时间，实际一年都过完了。乐观的心态也有这种神奇的作用，当你风轻云淡地面对一切困难的时候，自然而然就抵消了它本身可能造成的压抑与困扰，你自然就可以快乐而幸福地体验生命过程。

至于怎么做，她还不清楚。她现在不打算考虑这些。她唯一需要的是有个歇息的空间来熬受痛苦，有个宁静的地方来舔她的伤口，有个避难所来计划下一个战役。她一想到塔拉就似乎有一只温柔而冷静的手在悄悄抚摩她的心似的。她看得见那幢雪白发亮的房子在秋天转红的树叶掩映中向她招手欢迎，她感觉得到乡下黄昏时的宁静气氛像祝祷时的幸福感一样笼罩在她周围，感觉得到落在广袤的绿白相映的棉花田里的露水，看得见跌宕起伏的丘陵上那些赤裸的红土地和郁郁葱葱的松树。

她具有她的家族那种不承认失败的精神，即使失败就摆在眼前。如今就凭这种精神，她把下巴高高翘起。她能够让瑞德回来。她知道她能够。世界上没有哪个男人她无法得到，只要她下定决心就是了。

"我明天回塔拉再去想吧。那时我就经受得住一切了。明天，我会想出一个办法把他弄回来。毕竟，明天又是另外的一天呢。"

——玛格丽特《飘》

《飘》的女主角斯嘉丽，就是一位积极乐观的女性的典型。此书描绘了斯嘉丽面对生活的诸多选择与诱惑时始终不忘初心，坚定地遵循内心的企盼去走自己的路。在美国南北战争的动荡时期这个大背景下，她在人生的变故与情感纠葛中，始终没有放弃信念和乐观处世的心态，始终快乐地做着自己。在全文的最后，作者通过其口说出的"明天又是新的一天"也成了广为流传的名句。

我们要抱着乐观去奋斗，我们往前一步，就是进步，不要有着愤嫉的心，固执的空想，要细观察社会病源。我们于热烈的感情以外，还要有沉静的研究，于痛苦困难之中，还要领会他的乐趣。

——瞿秋白

乐观也是一种不计得失的超脱心态，乐观的女人在对待看不到希望和结果的事情时，也乐于尝试和体验，明知不可为而为之，她们明白这世界本就没有尽头，也没有所谓的功成名就、一步登天。乐观的女人是幸福的，因为她们放下了期待和索取的渴望，也就无所谓失望，不会产生失落感，只需要淡定从容地向自己喜欢的方向去努力就好了，过程的快乐才是幸福真正的模样。

追寻幸福的女人一定要拥有一颗乐观、豁达的心，这样在面对生活中的各种挑战时，就可以从容不迫地应对和解决，因为她们清楚地知道人生的价值无关结果，也就不会对过程中的利益得失有太多牵挂和思虑。乐观的女人必然是幸福的，因为没有什么事情可以扰乱她们从容而优雅的心灵，她们能够淡定地享受当下的快乐，在物我两忘的平凡中乐享神仙的日子。

微笑面对生活，抚平内心创伤

"不管怎样的事情，都请安静地愉快吧！这是人生。我们要依样地接受人生，勇敢地、大胆地，而且永远地微笑着。"人在自然里生存，就像树叶掉落在湍急的溪流中一样，无奈地被冲来冲去，不管你自身怎么努力，总会多少受命运的制约而遭受挫折。遭遇失败是难免的，关键是对待失败的态度，要用微笑去面对挫折、抚平创伤，让自己保持快乐的状态。

人在社会上行走，总会遇到磕磕绊绊，没有始终一帆风顺的旅程，因此遭遇挫折是很正常的事情，我们都要学会怎样去面对挫折。挫折是指个体在进行有目的行为时受阻，从而产生心理上的波动，表现为失望和沮丧等消极情绪。感性的女人面对挫折时，尤其要积极调整自身的心态，微笑面对生活的各种不堪，用快乐抚平内心的创伤。

电影《滚蛋吧，肿瘤君！》就塑造了一位勇敢面对人生挫折的姑娘，她叫熊顿，在29岁生日那天遭遇了各种难以想象的磨难：上午因为顶撞老板丢了工作，下午被男朋友甩了，丢了爱情，而这还远远不是她厄运的终点。她在朋友们为她举办的生日聚会上晕倒了，送到医院后，竟然被查出来患有癌症。

但是，这些突然而至的打击并没有击垮熊顿乐观的心，没有破坏她积极寻找快乐与美的内在动力。在痛苦的住院化疗期间，她竟然爱上了她的主治医生，还和一个病室的病友们结下了深厚的友谊。而熊顿开朗、有趣的性格也给周围的人带去了阳光与微笑，每个认识她的人都从她那里感受到了一种生命的力量，一种向往明天的力量。

这部电影的总体风格是戏谑的悲喜剧，用带点儿对绝症漫不经心的随意感来突出主人公"藐视"死亡的勇气和珍惜当下快乐时光的洒脱。影片的最后，熊顿还为就要离开人世的自己设计了一个别开生面的葬礼，跟死亡开了最后一次玩笑，让人感到啼笑皆非的同时，也不禁在内心引起深深的思考。

面对生活的不堪，熊顿为我们树立了一个鲜明的榜样。试问：还有多少人的遭遇能比熊顿更难过呢？一个娇小的姑娘都能若无其事地撇开负能量的影响，开心愉快地享受当下，那我们还有什么理由皱着眉头，沉湎于自己的那点儿小小的不愉快呢？我们不妨微笑着面对一切，微笑是一种传递正能量的态度，它能给自己和他人带来春风般的感受。微笑面对生活的女人能够用乐观抚平挫折带来的伤害，在痛并快乐着的过程中体味实实在在的幸福感。

下班后，我顶着迟迟不肯落下的太阳走在大街上，准备去超市里买点儿食材。大街上车水马龙，吵得人心烦意乱。好不容易到了超市，来到生鲜蔬菜区，目之所及的商贩们无一不是一副麻木的表情，所以虽然空气凉爽了不少，但依然不能消除我内心的浮躁之感。

我径直走到最里面的卖豆制品的摊位前，像完成某个无关紧要的任务一样挑选起来。这时，女店主走到我的身旁："请问您想买点什么？"我不想回答她，于是依旧自顾自地看着，头也不抬。她离开了，可没过多久又折了回来，把几块用碟子盛着的干豆腐递到我面前，说："这豆腐好香的，你闻闻看！"我无奈地抬起头，于是就看到了她脸上阳光般的微笑。

虽然女店主相貌平平，且已人至中年，穿着打扮也与其他商贩无异。但是就在看到她的微笑的那个刹那，我的浮躁突然不见了。不由自主地，我也回以她一个微笑，接过了她手中的豆腐。我在心中问自己：我有多久没有见到过这样亲切的微笑了？我有多久没有被这样的微笑感动过了？我有多久没有这样真诚地微笑了？

后来，这个微笑一直留在我的记忆中，洗濯着我的心灵。

——佚名《洗濯心灵的微笑》

俗话说"笑一笑，十年少"，微笑的女人更容易得到他人的垂青，她们传达的是淡定而优雅的生活态度，传递的是一种让人身心畅然的温暖。无论面对的是生活的甘还是苦，女人都应报以微笑，即使女人正遭受着常人难以忍受的苦楚。因为苦大仇深的模样不能解决问题，不能让事情好起来，只能给自己和他人平添烦恼，让糟糕的生活雪上加霜。女人要明白，生活不会因个人的意志而做出改变，能改变的只是个体对待生活的态度。如果心灵变得乐观而淡定，那么外在的所有事情都无法真正影响和打击你，你就可以乐享真正恒久的幸福与快乐。

人生之不如意者十之八九，每个人光鲜的表面背后都有付出的泪水和汗水，每个人也都有正在经历的苦痛，只不过因为格局和层次的区别，每个人所在意的领域不一样而已。有的人为每天的上下班挤车而烦恼，有的人为孩子上学而发愁，有的人为结婚没有房子而忧虑……但有格局的女人不会被这些世俗纷扰所影响，她们能够发现平凡生活中的美好，能够乐享锅碗瓢盆的简单快乐，即使受到了不公平的待遇，她们也能若无其事地默默舔舐伤口，然后开心地继续着她们喜爱的生活。

另外要注意的是，微笑面对生活绝不是形式化的强颜欢笑，那并不能真正治愈内心的创伤，只是暂时拿纱布包扎起来止住流血而已。微笑面对生活，需要女人从心灵上明白生命的本质，明白那些所谓的痛苦不过是因为过于在意表面的利益与虚荣而已，明白那些创伤的源泉实际上就是自己虚浮的内心。要寻找幸福，其实就寻找自己的内心就足够了，我们的心灵要的不过是"宠辱不惊，看庭前花开花落，去留无意，望天上云卷云舒"的简单日子，用心微笑的女人其实就已经是最幸福的了。

生活再是艰难，不忘本我快乐

"人生有两大快乐，一是没有得到你心爱的东西，于是你可以去寻求和创造；另一是得到了你心爱的东西，于是你可以去品味和体验。"每个人的成长经历不同，对快乐的定义和其能够获得快乐的途径都不一样，首先是要定位你的兴趣，知道自己真正想做的是什么，顺着这条路就自然能到达快乐的驿站。

社会发展的速度很迅猛，生活质量也提升得很快，但也给身处其中的每个个体都提出了更高的要求。尤其是在都市圈里打拼的女人，她们不仅要在上班时投入大量精力完成工作，下了班还要不懈地学习，以免落后于他人，而成了家、有了孩子的女人更是如入水火，每天都要焦头烂额地应付忙不完的事情。但即使生活如此艰难，也不要忘了给自己找点儿快乐，别丢下了自己真正喜欢做的事情，因为那才是生命真正的意义和价值所在。

最近在网络上逐渐增加热度的"徐大骚"是一个非常接地气的新晋"网红"，不像有些播主挖空心思给自己贴金或制造噱头，抑或给自己堆人设来增加关注度。"徐大骚"直播的内容就是简简单单、平平凡凡的日常生活。看他的日常状态应该是一个个体户，经营着安装空调的生意。在平时劳累的工作之余，"徐大骚"就做一些喜欢吃的饭，让自己大快朵颐一番，还通过直播让网友也感受一下那种畅快的感觉。

按说，"徐大骚"承受着不小的生活压力，从直播中可以看到他有一个可爱的儿子，一个贤惠的妻子，还赡养着父母。这种上有老下有小的日子虽说热闹而温馨，却不能忽视生活成本上的压力，尤其是他的工作性质也不是很稳定。但是从"徐大骚"的脸上可看不出一点儿忧心忡忡的样子，他说话干净利索，办事雷厉风行，丝毫看不出为生活所累、被现实压垮的感觉。

"徐大骚"的小幸福就来自他在吃饭时喜欢配好多大蒜，让人看了都为他出汗。他喜欢吃肉，经常买一大盆生肉自己烹制着吃，颇有梁山好汉的豪气。在交通工具上，他虽然只有电动三轮，但也阻挡不了他经常带着妻儿出去野炊。他不信只有奔驰宝马才能户外旅游，在他这里就不讲那种浮华的形式，就沉浸在自己的小确幸里，乐享自己的幸福。

世界上有形形色色的人，有呼风唤雨的富人、有权势的人，也有平常无奇的平头老百姓。后者无疑是占了大多数，默默无闻的人更容易感受生活中的小确幸。因为他们的日子是稳定而淡然的，他们不需要那种大富大贵的刺激生活。只要能够从容接受这种岁月静好的状态，就强过那些看起来风光无限的大幸福。从我们身边就可以发现，那些乐得享受自己小确幸的人，就像平凡的"徐大骚"那样，自有他自己超高的幸福指数。

星期六的清晨，小琴一大早就起来了，好不容易等到一个周末，也不能阻止她喜欢早起登山的爱好。最近这两个月，小琴的日程非常紧，公司赶上集中加班季，她报名的考试又在那期间进行。她白天工作，晚上还要复习到半夜，整个人都差点儿被熬垮了，结果还不尽如人意，公司那边虽然勉强达到指标了，考试却没有过关，等于白忙了一场。

小琴不是那种喜欢耿耿于怀的女孩，她觉得付出了就算没有回报也没必要纠结，无愧于心就好。这个周六的早上有点儿清冷，她戴着耳机，听着自己喜欢的音乐，虽然风有些凉，但她的内心由音乐来温暖着，还很舒服。山上还没有多少人，那久违了的山道和参天树木让她感到一种温馨和惬意。爬到山顶出了一身汗，顿觉疲劳尽除，阳光也适时地从云中探出头来，照在小琴的身上，重新给她注入了能量。

下了山，小琴又去山下的集藏市场转了一圈，吃了街边从小就喜欢的传统美食，感觉到一种从头到脚的满足感。这两个月的忙碌与失望，仿佛就在一个上午的幸福体验中得到了偿还，她又重新焕发了精神和神采。开始为下一个目标计划，努力去找寻属于自我的幸福之路，永远不忘初心。

即便生活再艰难，女人也要为自己找一个快乐的理由，就像小琴那样，知道自己需要的究竟是什么，懂得所谓的付出与回报并不一定会成正比，并不值得为之较真。因为即便得到回报了，那也只是一种外界的形式而已，和自我的存在没有本质关系。女人的幸福就建立在做自我，快乐于自我的快乐上。

因此，女人只要经营好自己的内心就好了，这远比取悦你的领导或是伺候你的家人重要。生活再艰难，我们也只需按部就班地去过，兵来将挡水来土掩，丝毫不应该影响我们快乐的权利。快乐和幸福是一对亲姐妹，每天应对工作、生活的所谓付出得到的幸福，那并不是真正的幸福，而是社会强加给我们的假幸福。女人要做真的自己，时刻聆听来自内心的呼唤，面对再艰难的生活也不要放弃找寻快乐。

在这个纷繁复杂的世界里，芸芸众生都在构想和憧憬着自己理想的、快乐幸福的生活。无论你是什么样的人，也无论你的人生是否成功，都不是单单用是否优秀、是否赚大钱来衡量的，更不能用长相的美丑来评判你的幸福感。因为快乐总是公平的，每个人在快乐跟前都没有高低之分，但还是需要我们不懈地去寻找它。就像诗里说的："为了看阳光，我来到了这个世上。"因此，只要女人能够常常调节好心态，让自己的心灵充满阳光，快乐就会不请自来。

珍惜自己拥有的，那就是最幸福的

"不要老叹息过去，它是不再回来的；要明智地改善现在。要以不忧不惧的坚决意志投入扑朔迷离的未来。"人是一种奇怪的动物，有时候喜欢沉湎于擦肩而过的美好，有时候又喜欢幻想毫无边际的未来。可就是不愿意安心乐享当下的快乐，总是觉得现时拥有的远远不是理想的状态，总是这山望着那山高，而这正是幸福生活的大忌。

小羊吃草的故事是我们从小就耳熟能详的：两只小羊分别在两个山坡上吃草，因为离得远的缘故，都觉得对面山坡上的草更绿、更嫩、更密，于是跑到对方的山坡上，却发现并没有想象得那么好，再回过头来看自己刚才待着的山坡，好像那里才是真正的好草场。我们都是从小学的这个寓言，很多人却从小到大一直犯着不安分、不满足的错误。

女人是感性的，她们也常常因为受到外界的诱惑而萌生一些虚妄的欲望，不满足于当下所拥有的，总是希望得到更多。可是问题在于，这种欲望是永远无法填平的，它就像一个怪圈，当你满足了一个愿望后，下一个你渴望的目标就会紧接着浮出水面，如此循环，永无止境，而愿望就在这样的循环中越来越大，越来越难以实现，最后变成不切实际的欲望。在这种永无尽头的追逐中，人很容易耗尽精力，为了一个结果而虚度人生。这样的生命是没有质量的，也绝对不会是幸福的。

女人是感性的生物，在遇到喜欢的人、喜欢的事时容易冲动、不假思索地做出选择和行动，也经常在做出了错误的决定后追悔莫及。其实，选择什么并不重要，重要的是自己怎样为了目标而努力，在前行的过程中所期许的东西是否和客观现实相符。真正应该后悔的只有自身的不努力，至于别人怎么样、世界怎么样，我们是无法控制的，也就无所谓后悔与不后悔。

倩倩是一个主动提出离婚以后，仍然留恋以往感情的女人，并渐渐生出了后悔的心理，不想放手。而她之所以提出离婚，是因为忍受不了前夫带给她的伤害。倘若她能够清晰地记得那种刻骨铭心的伤痛，斩断情缘一了百了，那她肯定可以在今后的生活里重新找回幸福。

但是，不久她就开始进入一种空虚、失落的状态，她无法割舍与前夫的情感。她的脑海里总是萦绕着二人相处过程中的美好部分，还自说自话地问自己："当时是过于冲动了吧，要是再冷静一点儿是不是就过去了？不离婚总算还保留着寄托，就不会像现在这般落寞了吧？"这样的事情想多了以后，她就不由自主地增添了后悔的心绪。

女人一般都是非常重感情的，这本是一件好事，可这也容易让她们陷入对往事长久的耿耿于怀中去。在感情中陷得很深的女人确实不容易从过往的情感纠葛中走出来，可是长痛不如短痛，那终究要翻过去的一页并不值得女人长久回忆，那只会让你的生活质量变低，失去的只是自己的幸福体验。

我常想，假如上帝给我三天光明，我最想看什么呢？或者我将怎样享受这份幸福呢？当我这样想的时候，也请你顺便怎样想象一下吧，请想想这个问题，假定你也只有三天光明，那么你会怎样使用你的眼睛呢？你最想让你的目光停留在什么地方？

每当我不高兴的时候，我一定会躲进花丛，把哭泣的脸藏进那些湿润柔嫩的树叶之中，他们的清香能安慰我，一会儿，我的坏情绪就不见了。

有时我会想，也许最好的生活方式便是将每一天当成自己的末日。用这样的态度去生活，生命的价值方可以得以彰显。我们本应纯良知恩、满怀激情地过好每一天，然而一日循着一日，一月接着一月，一年更似一年，这些品质往往被时间冲淡。

在这个世界上，为什么只有聋人才珍惜失而复得的听觉？只有盲人才珍惜重见天日的幸福？让我们珍惜生命中的每一天，去充实生命、去享受生活。

——海伦·凯勒《假如给我三天光明》

作为一名残疾人，海伦·凯勒对珍惜当下有着非常切身的体会，她也成为我们可以去参考和学习的一个例子。看了她写的文字，我们是否可以陡然梦醒，发现原来我们都拥有着珍贵的财富，这本可以是让我们欣喜若狂的东西，但我们一直都视之为理所当然。

走在追求幸福之路上的女人懂得开心、快乐的本质，她们知道其实最开心的事情莫过于做自己想做的，莫过于和自己喜欢的人在一起分享每日的点点滴滴。比如两个人结伴去做一次短途的旅行，一起烹制一顿可口的饭菜，甚至就是说一声早安、晚安。你会发现原来目前所拥有的东西已经很让人幸福了。

懂心理的女人知道人心的欲望是无边无际的，盲目地去追求那些虚妄的快乐，到头来只会让自己身心俱疲，不仅享受不到真正的幸福，还会枉费乐享真正快乐的时间。她们能够发现自己现下所拥有的美好，懂得如何去欣赏身边的人与事。她们明白珍惜自己拥有的，就会得到最幸福的人生。

　　聪明的女人能够明白人生的真正意义，她们知道如此短暂的人生是不能纠结于那些虚妄的想法的。她们知道当下的美才是真正能够体验和乐享的快乐，而对过往云烟的怀恋，或是对远方高山的向往，都是庸人自扰而已。走在追寻幸福路上的女人总是会用心走好脚下的每一步路，用心对待生活的点点滴滴，能够如此做的女人已经就处于幸福的怀抱之中了。

敢于吃亏，吃亏之
中有福果

幸福的女人深谙"吃亏是福"的道理。对她们来说，吃亏是成人之美，是一种隐性投资，比起眼前的蝇头小利，她们更在乎成人之美这件事本身所带来的愉悦感，这种愉悦感本身就是一种福果，而因此获得的好人缘、好口碑，则是一种锦上添花的回馈。与其说幸福的女人不怕吃亏，倒不如说不怕吃亏的女人更容易获得幸福。

吃亏是福，更是一种隐性的投资

"吃亏是福"来自清代著名文学家郑板桥的典故。一次，他弟弟和邻里产生了一些纠纷，便寻找在外做官的郑板桥的帮助。郑板桥并没有行使手中的权力帮助弟弟谋取利益，而是写了一首息事宁人的诗给弟弟，题名就是"吃亏是福"。后来，事情得到了调解和解决，双方也避免了进一步的冲突升级。

吃亏是福是一种变相思维，从字面上看似乎难以理解，为什么明明吃了亏还能说是福气呢？其实，这里说的吃亏是一种从容而淡定地看待问题的态度，很多时候，无论处理什么样的事情，工作上的、家庭上的或是邻里间的，都很难划清双方的义务与权利。这时候就需要各退一步，吃亏实际上是个体为对方做出的善意的让步，是一种隐性的投资，当对方感受到你的好意时，自然会反过来报之以良好的行为和态度，你也会因此得到精神上的舒适感以及更多实实在在的后续好处。所以"吃亏是福"并不只是良好的愿望，而是科学的为人处世之道。

小曼最近又被男朋友甩了，听说这已经是她第三次失恋了，排除对方身上的一些因素，小曼自身爱占便宜、不愿付出的品性也是一大原因。她平时喜欢开车出去兜风，可自从交了男朋友以后，她就很少开自己的车了，找了个理由说是自己车子刹车有问题，开起来太危险，男朋友只好把车借给她开。可是每次小曼都把干净整洁、加满了油的车开得满身污渍、油表报警才交给男朋友时，对方心里很反感，却碍于恋人这层关系不好说出来。要知道，小曼这种占便宜的事可不只这一件。

平时两个人相处的时候，小曼从不主动埋单，无论是看电影、吃饭还是别的娱乐活动，小曼都理所当然地等着男朋友付款。而且，在相处过程中，她从不把对方的需要放在心里，而是要先满足自己。比如，有次吃海鲜时上了五个生蚝，明明男朋友说喜欢吃这个，她却自顾自狼吞虎咽了四只。就算吃一些水果类的辅食，她也是先挑大的自己吃了，小的留给男朋友。

小曼的男朋友之所以提出分手，并不是真正在意油钱和洗车钱，也绝不是在意少吃几个生蚝。而是对小曼的人格和品性失望了，即使是和自己无甚相关的人，其身上显露出的自私与不愿吃亏的态度也会让人敬而远之，更何况是以后可能要相守一生的女友。对小曼来说，她的感情挫折不是因为自身的条件不够好，或是眼光太高，而是因为不懂得吃亏是福这个道理，把当下的利益看得太重，过于自利而耽误了她的情感生活。

正如前面所提到的，社会是很多人组成的集体，是一个大家庭。作为其中一分子的个体要甘愿为了自己的亲朋好友吃亏，这本是很容易理解的，关键就是切忌把自己和他人分得太开，分得太明确。切忌觉得只有自己得到了才是得到，他人得到就是自己的失去，这种理念是万万要不得的。只有你从心里把自我和他人放在一个利益共同体之下了，才能从内涵上理解吃亏是福的意义。小曼就是把自己和男朋友分成两个部分来看待，过于看重自我，不懂得吃亏是福，最终导致失去了情感的福气。

　　小乔在学校里是个从不吃一点儿亏的人，非常出名，可惜这个名声不是那么值得夸赞。她其实也不是吝啬、不舍得花钱，在她自己感兴趣的事情上，比如看某某明星的演唱会，她就大手大脚、一掷千金。她的不吃亏主要体现在占同学的小便宜上，她一般不买什么日常卫生用品，比如洗发膏、牙膏、卫生纸等，都是趁着舍友不注意的时候偷偷拿来用一下。可是时间长了，大家也能发现其中的猫腻，只是不好意思点破而已。

　　这还不是最过分的，小乔有时候请人帮她去食堂带饭，而她的饭卡里总是没有足够的钱，帮她带饭的人只好先用自己的卡替她刷上。有时候大家出去聚会，明明说好平摊费用，可她经常借口说忘带钱了而抵赖过去，过后也不再提，不了了之。其实大家心里都跟明镜似的，虽然很讨厌这种行为，但还是在表面上不温不火地处着。但是后来她跳槽想找工作的时候，没有一个老同学愿意帮她介绍；她急需用钱时，也没有人愿意援助她。她就是因为小聪明耍得太过分，导致众叛亲离，失掉了做人的信誉。

　　这个社会物质材料丰富，根本没有占他人便宜的必要，所以很多人乐得吃一点儿亏换得周围人的快乐。其实，不愿意吃亏的人是源于心理上的一种认识偏差，他们不想被他人的强势或计谋占了便宜，是出于一种自我保护的心态，这其实也没有什么错，而且也并不是什么时候都是"吃亏是福"的。如何把握好吃亏与不吃亏之间的平衡，就需要我们在为人处世时分清具体的人和事，面对善良的人我们不妨多付出一些，因为回报也必定是可观的；而面对居心叵测的人，则有必要为自己的权益计较一番。

　　追寻幸福的女人要明白吃亏是福的道理，但也不能陷入刻意舍弃自我、牺牲自己的误区中去。吃亏是要在他人切实需要我们做出让步的时候，在合理的情况下做出的，要确定其人其事值得我们为之付出与牺牲才行，而且要保证自身处于可承受其影响的范围之内。同时，践行吃亏是福也不是故意吃亏给别人看，吃亏是福要从心做起，要从心里愿意为别人考虑，心甘情愿地放低自我、看轻自我。只有在这种态势下，才能真正让他人感受到你的温暖与善意，才能让其成为一种隐性的投资，才能真正在和谐的人际互动中体会到美好和幸福。

损失自己成人之美，必定会有福报

子曰："君子成人之美，不成人之恶。小人反是。"意思是说，有德行的人总是会无私地帮助他人完成其心愿和理想，而不是助纣为虐。而小人的行为则与有德行的君子正好反过来，他们不愿意成就别人的美好，反而乐意促成恶行，唯恐天下不乱，为正人君子所不齿。

女人是善良的生物，她们喜欢阳光，喜欢爱，喜欢美好。她们小时候成就父母的美，长大了希望爱人美好，有孩子了希望孩子幸福，她们总是希望周围的人都能得到自己想要的美好。成人之美的意思是成全他人的好事，或帮助他人实现美好的理想。喜欢成人之美的女人是有魅力的，因为她们受人喜爱，自身也常常体会到美好。成人之美需要自身做出一些适当的牺牲和退让，它体现了主体的一种高尚情操，也总是会让主体得到丰厚的精神或物质回报。

有这么一个关于成人之美的小故事：国外有个工程师帮助老板

赚了很多钱，他每次接到项目都非常认真地进行设计与施工，每次都能非常出色地完成工程任务，也得到了老板的认可和喜爱。多年之后，这位工程师因年老力衰选择退休，他的老板便告诉他，说自己需要盖一栋别墅来居住，请他帮助设计和施工之后再走。这位工程师答应了，虽然已经确定要走了，可他并没有应付了事，因为他对老板这么多年的照顾一直心怀感激，想为他设计和建造一座漂亮又实用的家。

于是，他用和之前一样的工作态度对待这个项目，而且更为细致和用心。本来可以半年完工的事情，他用了足足一年来完成，就是为了精益求精，让对他有知遇之恩的老板能够舒舒服服地住进去。验收的那一天，老板看着精致的别墅，激动地对工程师说："我果然没有看错你，实际上这栋别墅就是我送给你的退休礼物。我知道你会认真为我设计和建造，甚至比为你自己做更为用心，所以就骗你这是为我而做的。"

工程师很惊讶也非常感谢老板的良苦用心，他用自身成人之美的本质为自己建造了美好的安乐之家，让自己享受到福报的幸福。试想，如果工程师不是为老板考虑，而是草草了事，那他最后得到的将会是什么呢？人是否有成人之美之心的区别和影响之大可见一斑。

上面这个例子可以充分地说明一点，就是个体对他人做出的任何行为，其实最终受到影响的还是自己。你拿出成人之美的美意来，自然就会得到良好的回报，反之，就只能收获恶报。那些不愿意吃亏，甚至喜欢用小聪明来蒙蔽他人，并自以为是人生赢家、扬扬得意的人们，到头来只能是害自己，只能是"搬起石头砸自己的脚"。

　　一家 500 强公司招聘一名员工，有数十名符合条件的人前去应聘，经过几轮的激烈竞争与淘汰，有两名幸运儿进入了最终环节，他们之中只有一个人能被录取。两人按照约定的时间来到公司做最后的面试，却惊讶地发现现场又多了一个人，原来是临时增加了一个候选者，这个突如其来的变化让两人都更为紧张了。

　　然而不巧的是，这个临时赶来的候选者忘了带笔，没法填写表格，便向两人开口借笔。第一个人明显不想借给他，便支支吾吾地说自己的笔刚好没有墨了，其实是希望他因为填不了表格而被自动淘汰。第二个人则爽快地把笔借给了这个新来的人。没想到面试开始时，这位新来的人坐上了面试官的位置，刚才的借笔一事其实就是最终面试的内容，那个借给他笔的人也最终获得了录用。

　　比起能力和头脑，现在的职场更为看重个人品性与情操，因为那是主导个人行为的基础和关键。试想，哪个单位敢聘用一个只为自己着想的人呢？而那个在关键的最终面试环节还愿意成人之美的人，确实是难能可贵的，他闪光的心灵也成为其被录用的主要原因，成人之美最终成就的是他自己的成功。

　　走在幸福路上的女人总是知道成人之美对己对人的好处，它可以让自我在为别人付出和牺牲的过程中得到精神的升华，可以让他人在成就理想时感受到幸福、快乐，并回头来对成就自己的人报之以良好的回馈和祝福。走在幸福路上的女人总是积极地为他人着想，但她们并不会刻意地为了成人之美而成人之美，因为这个过程应该是自然而然的。首先，对方要是值得我们为之付出的、并且切实需要帮助的人；其次，付出的主体也要具备相应的成人之美和承受损失的能力，勉强为之就很难有好的结果，还可能让双方都受其所累。

成人之美更多地表现为一种理念、一种精神、一种追求真善美的诚挚企盼，在现在这个物质材料无限丰富的时代，很多人并不需要物质上的帮助，人们更需要的是在心灵上感受到来自他人的善意，所以很多时候做到了这一点，就已经达到了成人之美的效果。聪明的女人总是会适时表达出愿意为成就他人而付出的诚挚愿望，让他们感受到真切的关怀与温暖，这种人与人之间的温情才是大多数人所缺乏和需要的。走在幸福路上的女人不在乎成人之美对自身造成的损失，因对她们来说，付出本身的快乐就已经是美好的报偿了，而这种美好的情感体验是任何物质都无法给予的。

适时主动吃亏能提高自身的能力

"和大怨，必有余怨，安可以为善？是以圣人执左契，而不责于人。有德司契，无德司彻。天道无亲，常与善人。"本句出自《老子》，大意是在处理非常严重的问题时，即使处理得再好，也不免留下嫌隙。最好的办法就是不产生问题，比如圣人手里掌握着把柄时就不会生事，而是主动吃亏，把问题解决在发生之前。

主动吃亏是甘愿吃亏的高级形式，它表现为个体本身具有一定的主动权，可以掌控局面，却既不利用自己的得势而占便宜，也不被动地固守局面，而是反过来主动找亏吃。这听起来有些不可思议，事实上践行起来有着它丰富的内涵。它不仅体现了个体崇高的精神境界，还给自己创造了在吃亏环境下提升自身能力的锻炼过程，它是利用严格要求自我的高标准来提高自我能力的。

秋晨任职的公司规模虽小，却五脏俱全，每个部门、每个岗位都只有一两个人负责，可谓是一个萝卜一个坑。而一旦有人因故请假，就很难找到合适的人代班。其实，除了个别专业性较强的工作，其他工作临时学一下岗位业务，也不是那么难胜任，很多人都可以暂时顶替一下他人。可关键是公司的管理没有那么科学，替别人代班也只能拿一份工资，等于是白忙活。所以很多人都不愿意代班，不是借口说太忙，就是说最近身体不舒服。

这时，秋晨总是第一个自告奋勇站出来接手的人，恰好她人也聪明，接受能力强，新岗位稍稍培训几天就可以胜任了。从那以后，秋晨替代有事请假的人代班似乎成了常态，其他同事也暗暗庆幸有那么个爱吃亏的人帮着顶事。时间长了，秋晨几乎把上上下下大多数岗位都体验了一遍，而公司除了总经理，没有人比秋晨对全部流程更熟悉了，她的能力也提升得异常得快，工作时总体把握火候的能力更是远远超过其他人。

不久，总经理上调总部，秋晨当仁不让地被提拔为总经理，其他同事在羡慕的同时也不得不心服口服，不光佩服秋晨的整体工作能力，更多的是佩服她主动吃亏的高级精神境界。因此，虽然秋晨不是公司里资历最老的员工，但是当上总经理以后，所有人都愿意听她的调遣，她的工作开展得十分顺利。

于丹说过："世界上 1% 的人是吃小亏而占大便宜，而 99% 的人是占小便宜吃大亏，大多数成功人士都源于那 1%。"案例中的秋晨就是靠着主动吃亏，最终吃到了大便宜。大多数职场人都怕替别人分担一点没有实质报偿的工作而算尽聪明，还常常为自己能够顺利脱身而沾沾自喜。殊不知这样做实际上是剥夺了自我锻炼和提升的机会，是让自己继续平庸下去的罪魁祸首，这就是占小便宜吃大亏的鲜明表现。

张总是个深谙吃亏是福的人，他刚开始创业的时候也吃了很多亏，做了很多亏本的买卖，但逐渐靠着信誉积攒了很多人脉。大家都知道，张总做买卖虽然没有什么特别之道，但信誉绝对是第一，至少他不会为了自己的利益而坑害合作方。因此，张总能够得到的资源和渠道也逐渐增多了起来。

张总做生意从不会因为市场突变导致利润较低甚至负数时而改变策略，他总是选择主动吃亏。有一次，公司在投放一批货到美国市场的时候，因为计划和生产之间的时间差的原因，美元在这期间发生了较大贬值，如果依然按照原计划的材料和价值去做，就铁定要赔本。但因为已经签订了合同，张总还是硬着头皮保质保量地交货了。

还有一次，材料供应商在原料上做了手脚，张总发现后并没有因为交付期临近而睁一只眼闭一只眼，而是坚决要求退回重做。为了弥补因材料推迟交付而造成的时间延误，张总把所有成品改用空运，并自己承担了全部的额外费用。这些主动吃亏的行为看似让张总赔了不少钱，实际上靠着这种信誉累计起来的人脉，让张总做起生意来更是游刃有余，客户们往往更容易同意张总提出的方案，因为他们从内心里相信张总不会无端开条件，更不会漫天要价。现在，张总自己就成了一块"金字招牌"，甚至可以靠"刷脸"做生意了。

由上例可见，适时主动吃亏并不是一种傻瓜行为，而是充满了大智慧，因此主动吃亏可以提升自我能力和人格魅力。很多人之所以看不到吃亏带来的巨大好处，主要是过分纠结于眼前的一得一失,总怕白白付出没有回报,或是白白为别人作嫁衣,看到自己的努力成就了别人而无法接受。其实,这或多或少都是锱铢必较的心理体现。人如果能够跳出当前狭隘的利己主义、唯我主义,就会发现一个新的天空。在那里,人的精神境界是飞升的,不再羁绊于低俗的利益纠葛,而是把吃亏真正看成一种收获和福报。

主动吃亏是一个人的高尚风度的体现,只有放低自身才愿意去承担压力,只有真正舍弃了蝇头小利才有可能收获提升和成功。走在幸福之路上的女人需要拥有一定的格局,要跳出固定的思维模式,从一个新的高度来审视生命与物质。有智慧的女人总是愿意花更多的时间和精力让自己得到成长与提升,而没有头脑的女人只会沉湎于眼前的得失。主动吃亏不是盲目地牺牲自己,而是在能够给双方都带来好处的情况下去付出,先付出后得到,就是所谓的先予后取。追寻幸福的女人如果能做到这些,就离到达幸福的彼岸不远了。

先予后取,不须计较眼前的得失

先予后取是一个人生哲学范畴的概念,狭义上指的就是字面表达的先付出而后得到回报的意思。比如,农民要先耕地播种才能收获粮食,音乐家想谱写出优美的乐曲就要先潜心学习乐理,业务员要想取得良好的业绩就要在前期耐心搞好客户关系。而在广义上,先予后取的含义是要先吃亏,而后才能得到信誉和人脉,从而获取人生的成功。

先予后取的核心就是不能计较眼前的利益得失，而是要关注事态发展的长远结果。先予后取的效果往往不是立竿见影的，它需要个体拥有高屋建瓴的眼光和格局，经过较长时间的积累和努力以后，就能取得更为有效、深入而持久的信誉与心理效果。就像诸葛亮当初南征叛乱时，明明可以依靠计谋和军队实力摧枯拉朽地剿灭南蛮叛军，但他没有那么做，而是将南蛮王孟获擒住了七次，又放了七次，目的就是从心理上让蛮族归顺汉人。他所遵循的就是先予后取的理念，用七擒七纵的投入，不计眼前得失，最终获取了南人的心。

著名演员吴京对电影事业有着忠实的爱，为了筹备《流浪地球》这部电影，他连自己的房子都抵押了。有些朋友劝他不要那么孤注一掷，给自己留点儿退路，但吴京的回答是："人如果不去追逐梦想，空守着好房子有什么意义呢，那只会给生命留下遗憾。"

为了给电影的拍摄带来人气，吴京免费出演该剧，用自己的名气带动电影向前推进。而且在剧组不断需要资金投入的状况下，吴京也是想尽办法为拍摄筹措资金。硬科幻题材在中国尚且处于起步阶段，缺乏相关的人才与知识准备，因此很多投资方都规避这个可能搞砸的领域，很多演员也不敢以身试法，怕拍烂了影响名声。

记者采访吴京时，问他为什么敢于尝试，敢于当第一个吃螃蟹的人，问他如果拍砸了、赔了钱怎么办。吴京的回答是："像这种科幻电影，如果我们不拍，就没人拍了。即使拍烂了，也比没人拍强。如果我们不拍的话，中国就永远不会有这样的科幻电影出现，我觉得我应该给中国新类型电影一个机会。"

　　吴京用他对电影事业诚挚的爱，演绎了他自己先予后取的故事。他后来的成功也证明了先予后取的潜在能量，证明了要到达理想的境地，就需要先有足够的付出，而不能过于计较眼前的得失。同样，女人想要成就幸福，也不能过于看重当下的利益与得失，而是需要看清自己内心的需求，用长远的目光寄望未来。

　　先予后取的思想也大量体现在一些文学著作上，比如夏洛蒂·勃朗特的《简·爱》就描写了一位生活信念坚定的姑娘获取自己幸福的故事。简·爱是个身世可怜的孤儿，相貌也平常无奇，从小遭受的舅父母的冷遇以及孤儿院的非人待遇并没有击垮她向往美好的内心，她总是怀着对未来的希望，不停地为之努力。在经历了一些世事的洗礼之后，她毅然回到了心爱的并遭受痛苦的男人跟前守护他，最终找到了人生真正的幸福。

　　现在我已经结婚十年了。我知道同我在世界上最爱的人一起生活、并且完全为他生活是怎么回事。我认为自己极其幸福——幸福到言语都无法形容；因为我完全是我丈夫的生命，正如他完全是我的生命一样。没有一个女人比我更加同丈夫亲近，更加彻底地成为他的骨中骨，肉中肉。我跟我的爱德华在一起，从来不感到厌烦；他跟我在一起也从来不感到厌烦，就像我们各人对于各自胸膛里心脏的跳动不会感到厌烦一样；因此，我们总是守在一起。对我们来说，守在一起既像孤独时一样自由自在，又像和同伴在一起时一样欢乐愉快。我相信，我们是整天谈着话。互相交谈只不过是一种比较活跃的、一种可以听见的思考罢了。我全部的信任都寄托在他身上，他全部的信任也都献给了我；我们性格正好相合——结果就是完美的和谐。

　　　　　　　　　　　　　　　——夏洛蒂·勃朗特《简·爱》

　　不计得失是一种超脱的处世观念，不计得失的人也拥有着超乎常人的思想境界，他们能够跳出惯常的自利的、趋利避害的流俗心理，不屑于眼前的蝇头小利。不计得失的女人一般都有着坚定的信念和理想，她们的心向着远方，而并不浮躁，踏实地着眼于脚下的路。她们明白先予后取的道理，明白只有前期的努力和付出才能有未来的收获，明白吃亏其实是福，前期心甘情愿地吃亏总是会得到后来的丰厚报偿。

　　先予后取是一种人生哲学，它讲究的是个体要拥有淡然而从容的心态，不计较吃眼前亏，甘愿付出的一种高级境界。但先予后取也并不是盲目地给予与付出，个体在这个过程中要科学合理地分析客观情况，要知道自己到底需要什么，要坚定地抵制外界的纷繁诱惑去做自己。先予后取其实就是一种心态，在某些时候它甚至都不要你具体做些什么，只要你的心灵足够淡定和优雅，就能够显现出不一样的从容。这种风轻云淡的气质也足以让你周围的人感受到舒适与惬意，继而对你报以同样亲切善意的态度。在这种美好氛围的烘托下，女人就可以持续获得最为快乐的幸福了。

不计小人过，做一位超然的女子

　　"为了能同所有的男男女女和睦相处，我们必须允许每一个人保持其个性。"这纷繁复杂的社会是由形形色色的人共同组成的，每个人从生下来就体验和经历着与众不同的环境与氛围，长大以后必然呈现出大相径庭的世界观与人生观。人与人之间的矛盾也许大抵源于这种缘故，能不能容忍他人的个性也就在很大程度上决定了你的幸福度。

正如上面所说，成长环境的不同塑造了不同的人，人与人之间巨大的观念差异很容易引起矛盾与摩擦。想要让他人和自己站在同一个认识角度几乎是很难做到的事情，因为俗话说"三岁看小，七岁看老"，人的根深蒂固的基本观念在成年以后很难同化或改变。因此，想和他人和谐相处，想让自己的生活快乐而幸福的女人，就需要具有容忍和谦让的气质，不计小人过，做一位超然的女子。

所谓的"小人"是和"大人"相对的一个概念，传统意义的"小人"通常都是狭隘而自利的，喜欢用不光明的手段为自身谋取利益，并破坏了他人的正常权益。他们身上也怀有一些让人不快的特征，比如阳奉阴违、唯利是图等，不光在具体利益上对他人造成破坏，也从心理上搅乱他人的良好心情。

娟子的工作比较稳定，稳定工作的优点是能够带来更多安全感，但缺点同样突出：当你在一个所谓稳定的岗位上一干就是十几年，面对的人却不能选择，而且面对的人中有一些让你非常不爽的"小人"时，那简直就是人生的噩梦，有一种让你做一年等于少活十年的感觉。而娟子正是在这种消极的环境下一路走来的，而她同别人的区别是，她并不在意这些。

她的脸上永远充满了阳光与微笑，但并不是说她的工作氛围就那么理想，她单位的人际关系比较复杂，有几个善于钻营、挑拨离间的同事就非常令人不快。换作有脾气的人，早就忍受不了而狂风大作了。娟子却好像没事似的，她早已看在心里，心知肚明，但她就是不往心里去。按她的话说，就是"惹不起、躲得起"，亲人之间也少不了摩擦，同事之间又何必计较呢。

确实，按照娟子的观点，大家平时抬头不见低头见的，总是难免出现意见不合与利益冲突，这些很难得到理性的解决，所谓清官难断家务事。唯一正确地对待方式就是不计小人过，不往心里去就好。只要自己看问题的心态摆正了，那什么样的烦恼也找不到你的头上。娟子总爱微笑着说："心态好了就什么都好了，幸福就这么简单。"

世界上最难的事情莫过于和"小人"相处了，人的很多烦恼实际上都来源于不善与"小人"交往。而聪明的女人之所以聪明和有智慧，就在于她们能够从容地规避和容忍"小人"。她们知道社会的复杂性和多元性，知道这世界没有纯粹的美好，想偏安一隅是不可能的，桃花源只是理想中的乌托邦而已。所谓"水至清则无鱼，人至察则无徒"，想要做一个快乐幸福的女人，就必须能够从心里摒弃来自"小人"的精神骚扰，就必须从心灵上为自己筑起一堵坚实的防波堤。她们在面对"小人"的时候，表面若无其事、谈笑风生，而内心早已退避三舍、飘然而去了。

君子和小人是一个成对的概念，就因为有了小人，才有了能够容纳他们的君子。人们常说："水至清则无鱼，人至察则无徒。"这也就是说，倘若我们对任何事都看得太细、太清楚，就会感觉到别人身上好多缺陷，根本不配我们与之交往。从另外的角度来看，你看不惯的人、挑剔的人，也会反过来对你的挑剔感到压力重重，也不会待见于你。其实放眼世界，越肮脏的田野其土壤越肥沃，对作物反而越有好处；而水清可以见底的湖泊事实上很少有鱼类可以生存。因此，即使是君子也要有一定的雅量，既不容纳小人，也不自命清高。君子更要能够有容忍之心，能去海涵世俗之物，这就是我们所说的"君子不计小人过"的实质。

我们经常在工作或生活上看到很多人斤斤计较于一些鸡毛蒜皮的小事情，为了非原则性的问题争得头破血流，谁都不愿意别人占自己的上风。甚至有时候就会锱铢必较地较真起来，必须要一争高下才能罢休。最终也只是闹得鸡飞狗跳、不欢而散，根本起不到什么实质性的作用或效果。所谓难得糊涂，得饶人处且饶人，君子没必要为不值得的事情去纠结，而是要秉持开放豁达的胸怀，用坦荡荡的姿态去体谅别人。

——佚名《当君子遇到小人》

想要做一个幸福的女人，就需要这种外化而内不化的精神，不计并不是软弱与退让，而是一种明智的行为，就像俗话说的狗咬了你，你不能反过来咬狗一样，话糙理不糙。和小人斤斤计较只会把你拉入永无宁日的深渊，甚至被小人同化而难以自拔。不计也是一种灵魂超然的显现，不计小人过的女人对世事纷扰看得很淡，她们有自己坚定的信念与理想，她们身上有一种他强任他强，清风拂山冈的优雅气质。

不计小人过看上去只是一种被动的容忍，实则是科学的应对方法，它是在没有其他选择的情况下做出的最优选择。就算小人再肆无忌惮，远离他们总是可以的，就像打太极一样，撞到你身上也使不上劲儿，只能干着急。时间长了，小人也会觉得无趣，不会再滋扰你了。走在追寻之路上的女人不会计较小人的骚扰，不让任何坏情绪破坏自己的快乐。她们是超然的女人，也是最为快乐地享受现实的和当下的幸福女人。

宽宏大量，是化敌为友的最佳武器

"生活中有许多这样的场合：你打算用愤恨去实现的目标，完全可能由宽恕去实现。"在这个发展如此快速的世界里，人们的灵魂都不知道落在什么地方，常常会有脑袋发昏忘记初心的时候，那么人与人之间也就难免会有情绪爆发而产生无端冲突的时候。等到了恢复清醒的时候，总是后悔莫及，早知如此，不若早在当初就互相一笑泯恩仇，化敌为友。

人确实是很奇怪的一种生物，总喜欢给自己招来很多敌人，而原因可能仅仅是固执己见，或是一时的盛气凌人，本就没有什么深仇大恨。可是大多数情况下，作为敌人的双方总是耿耿于怀在那些琐碎之事上，或者碍于面子不愿主动解开双方的心结，结果是两人都会承受着心理的负担和压力，都在负面情绪下忍受烦恼的折磨。

聪明的女人知道如何积极应对和解决陷入冰冻期的人际关系，无论是谁的错误，抑或是不存在谁对谁错，她们都能够以宽广的胸怀主动冰释前嫌，哪怕在宽恕或是道歉的过程中吃一些亏也全不在乎。能够宽宏大量对待敌人的女人绝对是具有高尚灵魂的，因为这是很多看似大条粗壮的老爷们也很难做到的事情。这样的女人本身就是幸福的，因为她们已经参透了生命的意义，已经可以自如地面对任何世道变迁、世故人情了。

    有一个小故事就鲜明表现了以德报怨，最终化敌为友的过程：一个小村庄里的一位老人养了一些羊羔，期望把它们养大了，好给自己一些补贴，让生活过得好一些。不巧的是，邻居家有一只凶悍的大狗，经常袭击老人的羊羔。老人去找邻居，请他把狗锁起来，但是对方并没有当回事，羊羔们还是经常被咬伤。

    于是，老人找到了村里的一位智者，向他诉说了自己的遭遇，请教他怎么样才能让狗不再袭击羊羔，他甚至想去找法官理论。智者回答道："你是想单纯地想解决问题，然后继续和邻居做敌人呢；还是想和他成为朋友，然后又不耽误问题的解决呢？"老人当然选择后者，于是智者告诉了他应对的方法。

    回去以后，老人登门给邻居的孩子送了一只小羊羔，孩子天性喜欢小动物，很快就和小羊羔分不开了，可是猎狗却仍旧不依不饶地骚扰小羊羔，于是邻居把猎狗关了起来，这下老人的羊羔也不会受到伤害了。在消除了矛盾的根源后，邻居间的关系也没有那么紧张了，两家人也逐渐地由敌人变成了朋友。

    由此可见，敌人和朋友往往就在一念之差，人们成为敌人往往都不是因为什么刻骨铭心的深仇大恨，主要就在于能不能抛开心结和面子，主动尽释前嫌，化干戈为玉帛。人和人之间的紧张关系会让人产生焦虑和烦恼，而融洽和谐的人际关系可以让人心情舒畅，神清气爽。在良性感情的滋润下，女人也自然会显现出光彩照人的一面，幸福的福报也就不请自来了。

    在《红楼梦》的众多女性角色里，要说最能宽宏对人的，就要数薛宝钗了。本来林黛玉对她颇有嫌隙，觉得她有心机，暗里藏奸，还时不时在众人面前冷嘲热讽她。宝钗看在眼里，听在耳朵里，却并不往心里去，反而在发现了黛玉的秘密以后没有大肆宣扬，而是私底下规劝黛玉向好，也终于得到了后者的认可。两人冰释前嫌，成了一对好姐妹。

宝钗笑道："你还装憨儿。昨儿行酒令你说的是什么？我竟不知哪里来的。"黛玉一想，方想起来昨儿失于检点，那《牡丹亭》《西厢记》说了两句，不觉红了脸，便上来搂着宝钗，笑道："好姐姐，原是我不知道随口说的。你教给我，再不说了。"宝钗笑道："我也不知道，听你说的怪生的，所以请教你。"黛玉道："好姐姐，你别说与别人，我以后再不说了。"宝钗见他羞得满脸飞红，满口央告，便不肯再往下追问，因拉她坐下吃茶，款款地告诉她道："你当我是谁，我也是个淘气的。从小七八岁上也够个人缠的。我们家也算是个读书人家，祖父手里也爱藏书。先时人口多，姊妹弟兄都在一处，都怕看正经书。弟兄们也有爱诗的，也有爱词的，诸如这些'西厢''琵琶'以及'元人百种'，无所不有。他们是偷背着我们看，我们却也偷背着他们看。后来大人知道了，打的打，骂的骂，烧的烧，才丢开了。所以咱们女孩儿家不认得字的倒好。男人们读书不明理，尚且不如不读书的好，何况你我。就连作诗写字等事，原不是你我分内之事，究竟也不是男人分内之事。男人们读书明理，辅国治民，这便好了。只是如今并不听见有这样的人，读了书倒更坏了。这是书误了他，可惜他也把书糟蹋了，所以竟不如耕种买卖，倒没有什么大害处。你我只该做些针黹纺织的事才是，偏又认得了字，既认得了字，不过拣那正经的看也罢了，最怕见了些杂书，移了性情，就不可救了。"一席话，说得黛玉垂头吃茶，心下暗伏，只有答应"是"的一字。

——曹雪芹《红楼梦》

　　从上例可以看出宽宏大量、以德报怨的行为可以产生多么大的积极效果，它可以让本来势同水火的局势变得和谐美好。人和人之间本就应该是互相帮助的，人字的结构就是互相支撑，合作共荣也是所有人类的生存基调。就像曹植的《七步诗》里所言："本是同根生，相煎何太急。"人何苦记恨人，女人更何苦为难女人呢？

　　走在追寻幸福路上的女人不会对他人的不好耿耿于怀，她们知道比起多一个敌人，多一个朋友更能让自己快乐，反之则只能给自己平添烦恼。聪明的女人不会在乎宽恕敌人甚至向敌人道歉有多么没面子，或是多么伤自尊，她们明白和谐良好的关系是决定自己幸福感的关键所在。她们对宽宏大量的把握也总是游刃有余，对于偶犯错误的朋友，她们尽释前嫌，用春天般温暖的微笑融化朋友踌躇的内心；而对屡教不改的小人，她们则敬而远之，并用不可亵渎的尊严感拒小人于千里之外，让他们不敢妄加算计。能够宽宏大量、勇于吃亏的女人总是幸福的，她们心中不染灰尘，尽享生命本真的快乐，还把温暖洒向周围，洒向人间。

外在形象，解读会说话
的身体秘密

你知道吗？会说话的不只有我们的嘴巴，还有我们的外在形象，包括衣着、领带、手表、包包、眼镜、发型等。聪明的女人不仅十分重视自己的外在形象，同时也十分善于从他人的这些外在形象中解读其主人的性格密码、心情密码，然后根据解读的结果灵活调整与之相处的策略，让自己在人际交往中如鱼得水。

对方的着装暴露了他的内在

黑格尔认为："美是理念的感性显现。"就是说，美的本质在于心灵的属性，心灵也是美的内容和基础，而显现在人的感官上的美就是内容的表现形式。也就是说内容决定形式，心灵的美决定外在的美。如果说外表的气质是心灵被动显现出的气韵，那么服装就是个体基于内心审美主动施加于外在的显现方式。

"变美是内在外化的过程，着装则是外化的工具。"我们走在大街上，看到街上每个人的服装各异，组成了一个五彩缤纷的美丽世界。表面上看，这些服饰都是纯粹基于个人喜好，带有一定的偶然性。而实际上，服装恰恰是人的内在的真实表达。

当然，这也并不是说某个人的着装就和他的性格完全一致，有些穿着前卫的人并非一定性格就很前卫，而是他有着向前卫风格发展的内在意识。但是，服装至少体现了一个人性格的变化倾向。一个人的着装体现了他希望在别人眼中的样子，可以说一部分表现了他本身拥有的，一部分表现了他本身未拥有而渴求的。可见，着装和个体内在之间有着千丝万缕的联系。

秋纹在一家外企做 HR，她在谈到面试时对应聘者的第一印象的时候，着重谈到了着装的影响。她承认在考量应聘者能力的时候，由着装所显现出的内在因素也是考虑的重点。有些应聘者的学历、经历都很吸引人，谈吐也不俗，可是在着装上让人觉得别扭，直接让他们失去了被录用的机会。

有一次，秋纹看到一个面试者穿着西装革履，显得英俊帅气，可一看脚上竟然穿着凉拖，让人哭笑不得，也正是这双凉拖，让秋纹和其他面试官认为这个求职者并不是他们需要的能够严格遵守规章制度，做事严谨的人，因而放弃了他。还有一次，她看到一个女生一身珠光宝气，穿着公主裙来应聘，一看就没有做好成为职场人的准备；还有的男生不修边幅，领子不仅有肉眼可见的污渍，还皱皱巴巴的，这样的着装至少体现了对方生活懒散、做事拖延的个性。

秋纹也表示，着装虽然不能完全说明一个人，但确实从侧面给出了很多暗示，它是一个人的无声的语言，甚至是比亲口说出来的话更为真实。她还说，服装虽然可以体现个性，但还是要控制在一个合适的程度之内，切忌为了刻意彰显个性而过分打扮，否则就过犹不及了。

确实，在浮躁的社会氛围下，人们容易被各种奇怪的思潮误导而走向所谓前卫的审美风格，为了彰显个性，引起别人的注目，不惜尝试各种奇装异服。殊不知，大多数所谓的"前卫""新朝"的服装只会让人感到怪异和可笑。有内在的女人只选用合适自己的着装，从内心的喜好出发，穿出让自己感到开心的感觉。

《红楼梦》里也有关于着装的丰富描写，其中比较典型的，能够反映人物性格的就数王熙凤出场时的服装描写了。关于她非凡的华丽装扮到底用意若何，有不同的分析和解释，但大抵认可的是，这体现了王熙凤的俗气。因为她是红楼众女儿中鲜有的没有念过书的人，她对表面的浮华非常迷恋，思想缺乏内涵和深度，自然着装上也与大家大相径庭了。

心下想时，只见一群媳妇丫鬟围拥着一个人从后房门进来。这个人打扮与众姑娘不同，彩绣辉煌，恍若神妃仙子：头上戴着金丝八宝攒珠髻，绾着朝阳五凤挂珠钗；项上带着赤金盘螭璎珞圈；裙边系着豆绿宫绦，双衡比目玫瑰佩；身上穿着缕金百蝶穿花大红洋缎窄裉袄，外罩五彩刻丝石青银鼠褂；下着翡翠撒花洋绉裙。一双丹凤三角眼，两弯柳叶吊梢眉，身量苗条，体格风骚，粉面含春威不露，丹唇未启笑先闻。

——曹雪芹《红楼梦》

在人际交往的过程中，聪明的女人在考察对方的个性时，总是会参考其着装特点，然后根据交际对象的特征来选择较为合适的沟通策略与手段。因为应对不同性格特征的人，必然要使用不同的说话与行事方式，才能起到事半功倍的效果，否则只会浪费感情和精力。

比如，着装比较前卫暴露的人，他们的思想比较特立独行，不走寻常路，和他们交往时要特别注意尊重其人格与行为，不可妄加评判；而着装比较保守的人，这类人可能较为内向保守，倾向于缺乏自信，在和他们交往时不妨多加肯定，鼓励他们更为自信地表达自己；穿着比较考究的人做事通常比较严谨，思维比较坚定，行事较为强势，和他们沟通时不妨低调言行，避免正面冲突；而穿着随意的人，这类人可能善于思考，机智而反应敏捷，但是承压能力可能较弱，无法在关键时刻委以重任，因此和他们交往时，自然而然地相处即可。

总而言之，懂心理的女人在对待着装问题时，在自身的着装上会力求简约大方，不随波逐流，穿出自己的独特的美感；在对待他

147

人的着装时，她们能够敏锐地通过观察对方的着装来判断其个性，并基于其个性选择适当的沟通风格。这并不是所谓的见风使舵，而是为了促进和提升沟通效果，是为了达到一种让双方都刚到舒适的境地。懂心理的女人必然是幸福的，因为她们能够在别人心中塑造美好的自己，也能欣赏和读懂他人的美，在社会交往中更为如鱼得水，享受舒心惬意的幸福人生。

领带的类型告诉你男人的品行

"女人的衣柜永远少件衣服，男人的衣柜永远少条领带。"有如衣服是女人的最爱一样，领带也是彰显男人特征的必不可少的饰物。尤其是在相对正式和重要的场合里，男人的领带不仅仅是一种礼仪的需要，还侧面体现了男人的内在涵养与品行。领带也常常能够显现男人的思想、气质与内在修养等方面。

一位国外设计师说："领带是显现男人个性的最鲜明形式。他是保守、前卫，还是严谨或是随意，都可以让他人很快地从他所佩戴的领带上得出结论。领带体现了男人的风格特征，也是男人身上最能够表达自我意识的媒介。"一条美观而有品位的领带最能衬托一个男人的审美能力和底蕴；而一条品质低劣，花纹颜色低俗的领带只会暴露其主人的低品位。

聪明的女人总是能够细心观察男人的领带来判断其为人和个性，然后适时地做出自己的判断并调整沟通方式。当然，除了领带表面上的颜色与花纹能体现出的男人的审美意趣之外，领带背后的故事也常常可以侧面显露出男人非凡的内在涵养。比如，著名企业家李嘉诚的领带轶事就颇令人深思。

有一次李嘉诚外出办事，正走到公司大门口的时候，一个下属拦住他，告诉他领带的颜色有问题。李嘉诚听了有些不解，这个下属告诉他，穿黑色的西服不适合打红色的领带，因为在色调搭配上不是那么雅致，还可能会间接影响谈判的结果。李嘉诚感激地说道："非常感谢你的关心，我这就回去换。"然后他便回去换上了中规中矩的黑色领带。

李嘉诚再次出现在那个下属眼前的时候，已经换上了较为搭配的黑色领带，下属见了很高兴，连夸效果好。等李嘉诚上了自己的专车，便又从包里取出刚才那条红色领带换上了，司机不解地问："您为什么又把它换回去了呢？"李嘉诚说道："因为今天去见的这个人喜欢看我带红领带，所以我要换红色的。"

司机仍不解地问道："那刚才他跟您说领带颜色的问题时，您为什么不直接告诉他呢？"李嘉诚笑着说："那位员工一方面能够真心地为我考虑，一方面又能够直言不讳，我觉得有必要用实际行为来维护他对待别人的热情，而不是对他泼冷水，那是我最不愿意做的事情。"

李嘉诚换领带的故事体现了他与众不同的处世方式与内在品格，通过一件小事，既领了下属的情，让其工作热情更为高涨，也树立了自己关怀员工的人性化形象，可谓是一举两得。当然，这件事虽只是借用领带来进行表述，并不涉及领带本身的美观等问题，但它也确实突显了领带的选择对男人的重要性。聪明的女人在判断男人品性的时候，就不可不察男人的领带了。

　　董平毕业后去一家银行应聘，他毕业于一所 985 院校的金融专业，可谓是天之骄子，踌躇满志地想要在业界闯荡一番。董平的性格也比较开朗热情，喜欢表达自我。去面试的时候，他灵机乍现地觉得在那么死气沉沉的银行里，必定需要一些光彩的点缀。于是他给自己佩戴了一条金色领带，在黑白相间的制服映衬下显得格外夺目。

　　董平得意扬扬地参加了面试，自觉给面试官留下了深刻的印象，单凭那条金光闪闪的领带就足以征服他们的心。可结果事与愿违，面试官对他说："不录用你就是因为你的领带，我们的工作特性是需要踏实苦干的，你的那条领带无疑是在告诉客户，你是一个喜欢外在花哨的人，是一个喜欢被关注的人，而不是专注于业务本身的人。"

　　可见，领带传达给他人的信息有多么重要，董平的初衷本是好的，他本希望把活力的气息带进缺乏朝气的机构里，却忽略了领带传达信息的真正有意义的受众，即他们的客户。在美国，很多政客也根据妇女们对领带的偏爱而更换着自己的领带式样。比如，克林顿在处理性丑闻事件时，就特意佩戴了较为低调而肃穆的灰蓝色领带，来传达给大家一个信息，就是他是一个安分而可以被信赖的人。

　　聪明的女人不会放过从男人的领带来判断其个性的机会，她们能够从领带的式样、颜色、搭配和材质等各个方面来综合分析男性的品行。比如从材质上，有一定经济实力的男人会购买丝质领带，这种领带适用于很多场合，看起来光亮而有质感；在颜色上，喜欢佩戴红色、橙色等暖色调领带的男人，其性格通常较为外向、开朗，有一种向上的活力；而喜欢佩戴诸如灰色、蓝色等冷色调领带的男人就较为内敛、严肃和庄重。

领带和西装的搭配最能体现男人的审美能力与内在品质，有头脑的男人至少应该知道要积极用领带来搭配西装，有智慧的男人甚至会每天换一条不同颜色式样的领带，让人感觉他好像每天都在换服装一样。有智慧的男人在进行搭配时会灵活根据场所、场合的需要进行调整和更改，并不生搬硬套，以适应复杂社会的多元化要求。

懂心理的女人总能够敏锐地观察和分析男人佩戴各种式样领带的动机和目的，从领带的类型读出男人的内在品行，并游刃有余地与之沟通交流。在充分通过读懂男人的内心，并恰到好处地与他们接触时，双方都会得到更为舒心惬意的享受，而女人的幸福不就是从这一点一滴的快乐时光中体味出来的吗？

为何看人要看"表"

有人经常讲"表如其人"，尤其是对男人来说，佩戴一块具有审美品位的手表，可以彰显其内在品格，挥洒其外在魅力。手表同样也是一种身份的象征，因为手表的价格差别很大，自然可以作为价值衡量的尺度标杆了。

在过去，男人身上有经常被人津津乐道的三件宝，分别是钢笔、打火机和手表。随着时代的快速发展，前两件已经越来越淡出人们的视野，手表则凭借其顽强的生命力一直受到人们的青睐，因为它包含了诸多象征与内涵。相比掏出手机看时间，用手表看时间更是一种严谨对待工作与生活的表现。有责任心的男人总是非常有时间观念，他们抬起手腕看时间的潇洒姿态也体现了男性的优雅。

戴表对男人来说也是一种自信的表现，有人甚至认为，有没有佩戴手表代表了两种不同的男性。佩戴手表的男人乐于承担社会与家庭责任，反之则不是。自信的男人同样容易取得他人的信任，他们也因此更倾向于取得成功。这种思想尤其在香港与日本影响深远，香港男人甚至认为面试时手表是必戴的饰品，因为它可以给面试官传达一种惜时如金的印象，这也是最受重视的良好品质之一。

一个人佩戴一块手表是正常的，而佩戴两块则绝对是彰显个性的表现。前古巴领导人卡斯特罗就是一个非常喜欢手表的人，他特别喜欢劳力士手表，而且有时候一戴就是两只，着实惊艳了公众的眼球。卡斯特罗在一次对苏联进行国事访问的时候，在同苏联领导人进行会谈时就戴了两只手表，并被拍照留存下来，成为传世经典。

虽然卡斯特罗同时戴两只手表的原因一直众说纷纭，没有定论，但他那种不羁的风范绝对是充满自信的表达，在那个风云突变的政治背景下，卡斯特罗这种特立独行的风格也多多少少助其在国际政坛上叱咤风云了几时，并被摄影师捕捉成为一种永不磨灭的印象瞬间留存在历史的记忆当中。

男人可以通过戴手表彰显其性格与个性，而戴手表的女人呢，虽然手表不是女性饰品的主流，但她们同样可以通过佩戴心仪的手表来突显个性与气质。因为佩戴手表的女人更给人一种干练而聪颖的美，会给人不愿依附男人的自立之感，并呈现出一种认真与细致的迷人态度。而且，比起佩戴招摇的艳丽首饰，女人佩戴手表更能显示出一种低调内敛的大气之风。

已故的英国王妃戴安娜生前也很喜欢戴手表，本来生得温婉娇柔的贵族王妃，戴上手表立即突显出一种大气和干练之感。而她有一次也同时戴了两只手表，和古巴的卡斯特罗相映成趣。只不过后者更多是为了政治目的，而前者则是为了爱情。那是在她和查尔斯王子刚刚订婚的时候，正处于两情相悦、温情脉脉的热恋期，王妃在球场上看未婚夫打球，顺便帮他看管手表，爱情的驱使让她不经意地就将王子的手表也戴在了自己手上。这温情的一瞬也成就了一段爱情佳话，虽然最终两人的结果令人扼腕叹息，但美的瞬间会永远留存在历史的映画中。

手表为戴安娜王妃本来就风姿绰约的气度平添了许多魅力，让她突显出大气非凡的贵族气质。手表本身就是时间观念的代名词，有时间观念的女人仿佛添加了迷人的气质一样，释放出充满智慧与知性的无限魅力。同时，喜爱手表的女人好像和男人之间又有了一份可以热烈讨论的话题，让性别差异导致的沟通障碍又被移除了些许。

懂心理的女人总是能够通过对男人手表的暗中观察来判断这个男人的心性和品格等。

但是，用手表来判断品味有时候也不能过于绝对，因为品味本身是一种很难描述的东西。就像对艺术品的评析一样，你认为好的东西在别人眼里未必就好，你认为自己充满了个性，而在别人眼里兴许只是搞怪而已。我们确实很难主观武断地就说佩戴哪种表就是有内涵，而佩戴其他表就是流俗，所以也不能过高地估计手表样式和贵贱对主人内在的反映。

因此，看人须看"表"其实看的就是一种态度，或者说从比较中看出个体的人生观与价值观。比如，现在公共场合的低头族着实是一种不雅的社会现象，他们一般不会戴表，因为手机就可以代替手表的功能，而戴表的男人似乎就是对这种现象的无声抵制，他们愿意用更多的时间去思考、去进行深度阅读，而在需要看时间的时候，只需轻轻抬腕就可以了。佩戴手表的男人的责任感与自信心，对人生的认真而严谨的态度，都呈现出无限的个人魅力。

懂心理的女人在和男人交往的时候，总是能够通过细微观察男人身上的各种细节来判断对方的个性与品位，尤其是男人佩戴的手表，更会着重去考察，因为那是暗示着其主人的观念与思想的重要标志。看人须看表，因为那是将个体特征的微缩起来的标志，但也不是纯粹看手表在表象上的区别，而是要看手表侧面表达的个体的处事态度。聪明的女人如果学会了如何观察人的细枝末节来为自己的人际沟通助力，那么她在幸福路上就会越走越顺，人生也将体验到更为丰富多彩的快乐。

换发型也是一种内心的语言

"我幻想过要把自己的头发留长。留得很长，漆黑像丝绸一样。不再剪，不再烫，也不再染。每天都洗，用绿茶和薰衣草精油的发膜。让它们黑得发出深蓝色光泽。然后在你的枕边开成花树。"常有人说头发是人的第二张脸，尤其是对女人来说，她发型的变换常常也是其心绪变换的直接体现。

头发对女人来说确实是非常重要的，女人也常常把对头发的护理和对头型的设计，看成塑造自身形象和个性的重要一环。女人对头发的关注度也是很高的，只要稍稍留意身边，就可以常常听到女人夸赞对方的头发，或是抱怨某个发廊的设计师的审美多么俗气，白白浪费她们的时间和金钱。既然女人那么重视发型，她们在发型上的改变也必然和内在的心理变化有关，从女人发型的变化上也可以一窥其内心世界的发展动向。

刘洋刚来到一所学校教书的时候，他的同事紫妍给了他很多帮助，紫妍和蔼可亲的态度和上课时严谨的教风也让刘洋对她产生了倾慕之情。但有一个让他疑惑的地方，像紫妍这样一个带有古典美气息的女生，竟然留着板寸一样的前卫发型，虽然这样整个人会很精神、干练，却显得缺乏那么一点儿女人味。

一次，刘洋为了表达对紫妍热情帮助的谢意，请紫妍到一家西餐馆吃饭，席间两人相谈甚欢。紫妍意犹未尽地要了一些红酒，微醺中，她谈起了心底一直藏着的心结。原来她曾经深爱的上一任男朋友，两人情投意合，但是就在要走进婚姻殿堂的时候，男友竟然查出不治之症。她也在无限痛苦中把一头美丽的秀发剪掉，从此想要断绝尘世的缘分。说着又伤心地哭了起来，那一夜他们聊了很多，回去的时候刘洋将她送回家，还一直依依不舍。

几个月以后，同学们发现紫妍老师的头发渐渐长了起来，显露出不一般的女人魅力，大家发现原来紫妍老师那么美。大家还不知道的是，刘洋已经和紫妍走到了一起，他让紫妍重新看到了对未来的向往和期待，紫妍也为她重新留起了一头秀丽的秀发。

女人的发型确实是和她们的心理状态紧密联系的，从紫妍的例子可以看到，如果一个美丽的姑娘突然把自己心爱的头发剪掉了，那很可能暗示着她在情感上遭受了某种挫折，是一种万念俱灰的内心表达。但有时候，女生换发型也不尽然是世事的突然变故，也可能是受到环境的影响，其审美意趣发生了改变。

网上有一些关于大学女生从大一到大四的蜕变过程的照片，大抵就是从"矮穷矬"摇身一变成为"白富美"的夸张表达。已经大四了的秋菊就对此深有体会，从刚进学校时生涩、土里土气的装扮和发型，到大四时的时尚美，有一种丑小鸭变天鹅的奇幻感。根据秋菊的笑谈，她现在都不敢看自己刚进大学校门时候拍的照片，有时候看着当初那种土到掉渣的样子，自己都能笑一整天，更甭提给别人看了。

秋菊的照片上最明显的改变就是她的发型，从大一时候的土气的刘海头，到现在可爱的公主头，发型的改变确实能让一个人的形象突变得很快。俗话说"发型是爱情的坚实堡垒"，这话一点儿都不假，有没有合适的发型辅佐，真的对自己在别人眼中的形象有着天翻地覆的差异。

发型伴随着女人的成长过程，是其心灵经过磨砺和洗涤后，审美情趣以及世界观得到重塑后，在外形上的重要反映。女人在和其他女人进行沟通的时候，不妨多留意一下对方的发型，即使不知道她原本是什么样的人，也能对她当下的生活状态猜个八九不离十。

有位名人说过："发型最能体现一个人的气质、品位以及对待生活的态度。"把自己的头发打理得一尘不染、流光水滑的女人，其当下的生活一定是有条不紊、幸福安康的，因为她有心情把一切都照顾得很好；反之，那些蓬头垢面的女人必然是在水深火热中，疲于应付着工作和生活的女人，因为女人的天性是爱美，如果连自己的头发都没有时间和精力去打理，她本身的生活节奏能是舒适惬意的吗？

那些把头发弄成波浪状的女人，通常都有着较强的适应能力，她们对自己理想和目标都十分明确，知道自己该做什么，该去往何方。追求新奇发型的女人一般都比较特立独行，或者有着强烈的表达欲望，在和她们交往时就不能过于纵容，可以适时地进行一些打压。

总而言之，留长发的女人较为传统和保守，而留短发的女性较为前卫和现代。但女人的独特美多数还是需要长发来衬托一下更为出彩，虽然现在追求潮流、追求自我意识的女人很多，但那终究只是一种时尚化的实验，人们大都还是觉得长发更有魅力。懂心理的女人在多观察和留意她人发型的时候，只要分析其心理状态即可，不必让自我观念也受其影响，要坚持最适合自己内在与外在的发型，去展示最美的自我。

会看情绪，多一分
善解人意

察言观色这个词，多少带着一些贬义的味道，很容易和圆滑世故联系在一起。但是在生活和工作中，察言观色确实是一项必备技能。其实，察言观色本身并没有褒贬之分，关键在于使用这项技能的目的如何。聪明的女人很会察言观色，但她们这样做不是为了牟取私利或伤害他人，而是为了帮助他人，与他人更好地交流。

善解他人愁眉，抚平别人苦脸

"有些人以回忆过去折磨自己，有些人则以忧虑不幸将至而难过痛苦；两者都可笑至极——因为一个现在与我们无关，而另一个则尚未有关。"古罗马哲人塞涅卡认为人有消极、负面的情绪是可笑的，因为这些人不是沉溺于过往的悲伤，就是对未来杞人忧天。可是，凡人有几个能够完全屏蔽忧愁的情绪呢，将心比心就很容易理解了。

在这个高速发展的现代社会，人们的精神为各种外界诱惑所牵制，在心理上渴求着虚妄的浮华，在肉体上承受着工作和生活的压力，疲于应付各方面的人和事。因此，一些觉得生活亏欠了自己，或是觉得自己配得上更好的生活的人，愁眉苦脸似乎就变成了他们最常态的表情。而我们作为社会成员之一，不管和这些遭受精神折磨的人是何种关系，是朋友、亲人、邻居，抑或只是萍水相逢，都有责任和义务去为其开导和劝解，即使不能起到立竿见影的作用，也可以让对方感受到温暖，令其早一些从痛苦中走出来。

小裴最近一直愁眉苦脸、心神不宁，萱姐看见她如此消极，有些担心她，便约她去一个她俩常吃饭的地方聊天。俩人刚一坐下，小裴便开始滔滔不绝地倒起她的苦水，说工作上被老板挑刺，上次社会考试又差两分没有过，男友最近也对她爱理不理，她感觉整个世界都跟在她作对，除了唉声叹气也不知道该做什么了。

萱姐没有直接回应她，只是笑着说："这盘猪头肉怎么样，这可是你最爱吃的。"小裴点了点头说："确实好吃。"说完又夹了一块儿吃起来，自己也忍不住笑了起来。萱姐趁机说："你瞧，笑起来多容易不是吗？工作、感情、考试这些东西都很难强求，努力了对得起自己的心就够了。"说完，又夹了一块儿肉给小裴："再笑一下我看看。"小裴又会心地笑了。萱姐说："我想告诉你的是，愁眉苦脸的样子最难看了，为什么要跟自己过不去呢？自己吃得好、睡得好就足够了。多笑笑，让别人看了开心，你自己也会开心。"小裴点了点头，露出了更为甜美的笑，体会到了所谓的幸福就是这一点一滴的当下快乐。

"不要愁眉苦脸，你不知道谁会爱上你的笑脸。"心理学认为，人的忧愁情绪更倾向于通过脸部肌肉的扭曲显现出来，这也符合人性本身的特点，从生下来就是饿了就哭，渴了就叫。而人如果情绪不佳，也自然需要通过一种媒介表现出来，至于成年人还能不能像婴儿那样理所当然地有人相应，就不一定了。如果你身边有这样的人，无论远近亲疏，请多给他一些关爱和开导，这样做并不一定为了什么具体的目的或回报。而是因为人与人之间是需要互相支持的，尤其是在心理上，跳出问题看问题的人可以很简单地就看到问题的实质，能够从另一个视角来为当事人进行开解。

人的生命历程其实就是自己去体验，并不需要给任何人看。人的生命也像一朵娇嫩的花朵，经不起太多折磨，静静地花开花落，本没有什么值得愁苦的事情。人生自有酸甜苦辣咸，总是不能完美地按照我们的口味去呈现，也只有自我满足才是幸福的保证。生命的体验过程有时候是枯燥的，需要我们有一份甘于寂寞的心。人也不需要羡慕别人的好，因为每个人的人生都有自己的精彩，只要我们不辜负自己的心就好。人的生命就是一段旅程，有曲折的弯路，也有绚丽的风景。你看到的其实就是你体验的，也是你可以达到的境界。不妨笑对人生，因为没人会喜欢愁眉苦脸的你。

——佚名《笑对人生，不再愁眉苦脸》

无论什么人，都可能因为自己内心的某个挥之不去的心结而忧愁，并自然而然地表现在脸上。作为旁观者，你可千万不要事不关己，高高挂起，人文关怀是我们这个社会最缺的东西，寻找幸福的女人必然是把自己和社会联系在一起的，这不一定是为了寻求所谓的付出与回报的蝴蝶效应，而是为了对得起自己的心。女人做了符合心灵普遍价值取向的事，本身就可以从内心的畅快中获得幸福感。

聪明的女人在敏锐地发现周围的人需要情绪上的帮助时，不会只停留在表面的知晓，而是会继续深入探究造成其困扰的根源。人的适应能力被证明是很强的，遭受一些挫折和失败都很难击垮一个人，而真正让人愁苦的其实是早年经历的一些刻骨铭心的事，那才是深深缠绕在心中的结。个体经受某种打击不一定是因为那个结，却可能让个体把过错归咎到那个难解开的结上去。懂心理的女人需要明确人心的深度通常是不可测的，除非是推心置腹的朋友，否则很难了解背后真正的原因。

在遇到周围的人愁容满面的时候，聪明的女人不会武断地用大道理来摆事实、举例子劝导对方，而是会耐心地同对方进行沟通和交流。比如，一个女生在聚会时一直沉默不语，一副心事重重的样子，旁边的人就自作聪明地劝解说"不就分手了吗，男人多的是，还怕找不到好的吗？"可是这位女生根本不为所动，依旧自顾自地黯然神伤。一位和她从小就认识的朋友却心知肚明，她其实是仍然纠结于高考失利的阴影，都过去了十几年了，这次她遇到一次不幸的感情经历，也归结为因为高考失利没有上好的大学，才会认识不理想的男友。

懂心理的女人在通过表情觉察到他人存在挥之不去的烦恼时，总是能够先将自我移情到目标对象上去，用心体会产生这一局面的原因和造成心理伤害的根源。聪明的女人知道在解决心理问题时的第一要务就是投入和忘我，当她真正和需要帮助对象的心灵融合为一体的时候，不仅更可能为对方解开历史的心结，还能在深刻的感情交融中更多地认识自己，让幸福的感觉更为实在和真切。

虽然面无表情，其实内心丰富

看到面无表情这四个字，首先浮现在我们脑海里的往往是"不露声色""城府很深"等这样的关键词。可是我们只要稍微想想，就会发现并不是那么回事。如果真的城府很深，还会故意做出面无表情、暗藏心机的样子去让人随意猜忌吗？那必然是要用热情周到的表象来掩盖的，那才是真正的城府深。

我们经常在社交场合遇到一些面部表情不太生动的人，从直觉上来说会给人一种不够热情、冷漠的感觉，于是一些人就会因为排斥他们而给他们打上"有心机"等标签。而事实上恰恰相反，表面不动声色的人正是心胸坦荡、不愿矫饰做作迎合别人的人，他们一般来说都有着较高的精神层次，不愿意随波逐流，不愿屈就于世俗那套待人接物的虚礼的束缚。

以上这些都说明，面无表情的人对现实利益普遍是看得比较轻的，因为心态的淡然而不屑于混入世俗的纷争中，只喜欢静静地看别人在红尘的舞台上表演，一幅"宠辱不惊，看庭前花开花落；去留无意，望天上云卷云舒"的从容态度。面无表情的人一般都经历过非同寻常的人生过程，要不就是在大风大浪中历练过，在磨难中感悟出了生命的意义，返璞归真；或是博览群书，在书中跟人类精英习得了人生真谛，变得大智若愚，拥有了以不变应万变的智慧。

梦洁刚来到公司时，就给人一种具有独特气质的印象。她不怎么说话，文文静静的，做什么事都面无表情。但是领导交代给她的工作她都能按时完成，思维很清晰。刚开始大家觉得她有些高冷，对她稍微带些敬而远之的态度。但是慢慢熟悉以后，就发现她还是很乐于助人的，对她的态度也都逐渐有所转变。而且她也不是那种不懂风趣的人，也经常说一些打趣话，逗得大家哈哈一笑。

参加聚会的时候，最能突显梦洁的与众不同，那种整体热烈的气氛和她风轻云淡安坐一旁的姿态形成了强烈对比。有人问她是不是不喜欢这种环境，或是不屑于和大家打成一片，她只是微微一笑回答说："我挺享受这种放松的环境，工作那么累，当然需要情绪的释放了，只是我乐于做一个旁观者的角色，不太喜欢表达自己。"

但大家仍然表示不解，一个不谙世事的小姑娘，怎么能够如此淡定从容，仿佛经历过大风大浪似的呢？直到一位同事有一次临时去她家里取东西，才发现别有洞天，只见她的家里摆满了各类书籍。她爸爸是一位特别爱看书的人，梦洁也从小耳濡目染，虽然她确实没有在社会上闯荡过，但在书中看到的大千世界让她宛如真实经历过各种事态变迁一样，就像在人生里提前走了一遭，这就解释了为什么她总是面无表情、宠辱不惊地面对所有人和事。

由此可见，人的见识和内涵不是单单取决于年龄和阅历，面无表情的人也不一定就是清高或内向保守，他们甚至有着比表面上热热闹闹的人更为丰富的内心世界。和这样的人交往其实是很轻松的一件事，他们本身有较强的洞察力，有着善解人意的心灵，又不需要别人费心去读懂和关心他们。但确实还有一类面无表情的人，是因为早期经受过一些情绪压抑，成年后仍旧无法摆脱那种被动的闭锁状态。

伊秋是一个人际交流上非常被动的女孩，倒不是说她内向保守，只是比常人更为羞涩和沉默，好像有些缺乏自信心。无论是在工作中、生活里，还是在玩的时候，她总是面无表情地面对周围。伊秋也不是那种不食人间烟火的女生，她也有很多爱好，也喜欢听音乐、看电影等放松的活动。只不过因为不善表达的缘故，她很难交到知心朋友，便总是独来独往。她的这种心理状态形成的原因只有她的一个发小明白，她知道伊秋的父母对她的管教十分严格，平时会给她安排十分具体的日常生活程序，这让她从小就缺少和邻居孩子们打成一片的机会，长大以后自然就没有群体交流的意识，也不具备这个年龄该有的社交技能。

从这两个例子不难看出，有些人常常保持面无表情的状态实在不是因为城府深，而是经历了和一般人不一样的经历而已。他们的面无表情也不是为了表现一种叛逆或是特立独行的态度。相反，他们的内心通常十分平静，只是淡淡地做自己而已。因此，我们面对他们的时候不用觉得气氛尴尬或是有什么问题，那只是庸人自扰，没事找事。

　　但也并不是说，我们就要完全对他们采取放任自流的态度，对前面所列的两种分类的面无表情的人，一种因为内心的丰富而返璞归真，一种因为情绪的压抑而被动自锁。前者的人格是完整的，只是表象平淡一些而已，的确不需要更多的帮助或干预；而后者，虽然他们也能够自得其乐，但总是处于消极、负面的心理状态中，是需要周围的人积极给予引导和开解的。

　　聪明的女人在和面无表情的人交往时，因为知道对方并无恶意，便总能轻松、自然地与之交流，让对方也感受到不一样的舒心和惬意。正因为面无表情只是一种表象上的平淡，他们的内心是丰富多彩的，所以懂心理的女人在和他们交往时总会找一些有深度的话题，来取得和他们内心世界的共鸣。聪明的女人懂得怎样慢慢开解那些情绪上受到压抑的人，引导他们逐渐变得开朗和主动，这样他们就可以感受到更为多元的快乐，而成全了他人的女人也必然是幸福的，因为她们在帮助他人的欣慰中也得到了更为浓烈的幸福感。

观察对方好恶，做个知趣女人

　　"在男人心目中，那种既痴情又知趣的女人才是理想的情人。痴情，他得到了爱。知趣，他得到了自由。可见男人多么自私！"女人是感性且重感情的生物，她们一旦投入到一段情感生活中，就往往会非常专注且持续地投入自己的精力和注意力。所以一旦感情受挫，就很难接受现实。而知趣的女人知道适时放手，这是在没有选择的情况下的自我情绪解脱。

世界是丰富多彩的，人也是各式各样的，有句俗话讲"人不可能讨好每一个人"，即使我们尽力做好了自己，想让周围的人都喜欢我们，但往往都是无济于事。因为每个人的成长环境不同，就塑造了不同的价值观，不同的审美品位，也许你认为自己的言行举止、行事风格是美好的，但别人不一定这么认为。况且你的内在也不是那么容易就能充分且准确地展示于表象的，就算是亲朋好友，我们也无法强求他们对自己能有十分到位的解读。

懂心理的女人在面对他人的误解与不待见时，不会强人所难地为自己正名或是解释，她们会顺其自然地做自己该做的事情，会知趣地避重就轻，并不会因他人的轻视而折磨自己的内心，不会为他人的错误让自己惹上烦恼。知趣的女人通常有着较强的理解他人心理的能力，她们能通过敏锐地察言观色来发现对方的好恶，并在无法逆转的情况下适时退出。

怜雪是个非常感性的女孩，她对新来的一名男同事一见倾心，平时总是主动热情地去帮助他，而这位同事也非常投桃报李，经常邀请她一起吃饭，还在周末的时候一起相约到周边一日游。但是他俩的关系一直处于暧昧的状态，说不清楚到底仅仅是同事，还是朋友，还是恋人的关系，而对方似乎也无意捅破这层纸。

不久，这名男同事被调换到另一个部门，在北京这种地方，虽然还是一个公司，却可能相隔一两个小时的路程。怜雪在工作之余常常会想念他，便给他发微信，但他一般回复得都比较慢，有时候干脆就不回。怜雪问起原因的时候，他也只是支支吾吾地回答说加班一忙就忘了。

　　时间长了，怜雪的闺蜜就发现她常常愁眉苦脸，问起来才知道事情的原委，是为情所迷而不能自拔。其实像这样的情况，大家都明白是对方其实没有此意，只是怜雪一厢情愿而已。闺蜜也不好直说，只是慢慢地劝解和开导她，直到有小道消息传来：那名男同事交了女朋友。怜雪这才完全死心，但这时她已经被这个漫长的纠结和憧憬的过程折磨得身心俱疲了。

　　怜雪让自己深陷感情的谜团，不能不说是一种不知趣的表现，虽然敢爱敢恨是一种非常珍贵的品质，但是过于相信自己的感觉而不知道仔细品味和体察对方的反馈，结果只能是让自己徒然揪心而已。知趣其实除了成全对方，更多的是对自己的一种解放和宽容。

　　小孟已经人到中年，孩子马上就要进入大学读书了，在外人看来，她的生活幸福美满。可是她跟丈夫之间情感的日渐疏离只有她自己明白，她也想要去努力经营和维护，也想去奋力挽回，但丈夫常常对她不理不睬。丈夫的这种冷暴力让小孟非常愤慨，毕竟是老夫老妻了，何苦互相为难，何况儿子都那么大了，难道还要离婚不成？但小孟并不是那种死较真儿的人，她知道事到如今什么样的努力也是无济于事的，与其死守着那三从四德、相夫教子的糟粕祖训，不如面对现实，不再欺骗自己，这样对自己、对别人都好。于是，小孟毅然和丈夫离婚了。

　　小孟是一个知趣的女人，她知道感情的事情是无法强求的，便顺其自然、顺合人意地抽身离开了，这让她的精神得到了彻底的解脱和自由。虽然离婚这件事本身并不值得提倡，但这个选择不能掩盖她退一步海阔天空的大智慧。而且对一个中年女人来讲，也确实是需要一些魄力和冲破世俗看法的勇气的。

做一个知趣的女人，需要对自己有一个清晰的认识和定位，她首先要懂自己，知道自己到底是什么样的人，该做什么。她应该明确自己的优势和劣势，明白自己的幸福之路大致的方向。当人可以做到真正有自知之明的时候，才可能客观而保守地评价自己和对方可能到达的某种关系程度。但知趣远不是世俗中所谓的门当户对的评判，而是一种机敏，是一种逻辑清晰的分析和决策，是让自己、让他人都能够顺心如意的生命智慧。

懂心理的女人不会一厢情愿地按自己的所感所想去揣测他人，而是通过留心观察对方的一举一动、音容笑貌的变化来判断对方对自己的态度。无论是在工作、家庭还是其他环境下，聪明的女人都不会勉强别人喜欢自己。如果对方热忱以待，她就会用更热诚的态度回馈之，如果不然，就默默地抽身离开，还双方一个干净自由，让自己和他人都不受更多无谓的伤害。

走在寻求幸福之路上的女人需要保持一颗敞亮的内心，认真对待每个人和每件事，同时不能沉湎于某个人、某件事中不能自拔。她们需要具有一种有自知之明的、知趣的大智慧，这并不是退缩和避让，而是一种从容、淡定的态度——得之我幸，失之我命。寻求幸福生活的女人如果常常怀有那种顺其自然、不争不抢的超脱情怀，那幸福也就不需要去寻，而是恰恰就在你我身边，乐享之即可。

耐心解读泪光，读出背后心绪

"朋友间必须是患难相济，那才能说得上是真正的友谊，你有伤心事，他也哭泣，你睡不着，他也难安息；不管你遇上任何困难，他都心甘情愿和你分担。"莎翁在这里谈到了人类友谊的实质，就是互相释怀与开解。当你伤心流泪的时候，朋友是可以站在你的身边支持你的。当然，我们更需要的是能读懂自己流泪缘故的朋友的支持。

人生是一场漫长的旅行，有笔直的坦途大道，也有曲折的蜿蜒小路，每个人都在旅途上尝过酸甜苦辣咸的滋味。当人在体验悲苦情绪的时候，就容易控制不住感情而流下热泪。有的是因为努力没有得到回报，有的是因为平白受到了委屈，有的是感情受到挫折，还有的是因为被人关心受到感动。总之，流泪的背后是有很多种具体原因的，当你周围的人在默默流泪或是嘤嘤哭泣的时候，你是否能够把握他们真正的泪点，帮助他们从负面情绪中走出来呢？

紫夏的性格比较开朗，人缘也很好，大家都喜欢跟她一起玩儿。这次，她的闺蜜又拉着她去看电影，电影的名字叫《老师好》，是著名笑星于谦主演的，两人对这部电影都充满了期待。可是随着电影的播放，紫夏逐渐进入了状态，虽然影片中有很多搞笑的桥段，但总体基调是感人而伤怀的，闺蜜也不免陪着她洒了几滴热泪。

可是直到电影结束了，紫夏还在哭泣，这可不像她平时的洒脱作风。闺蜜有些纳闷，她承认这电影确实催泪，可还不至于一直哭个没完呀。她便对紫夏说："我知道你想起了以前的老师，是不是又想起了一些过去的场景了？可是那些都过去了嘛，我们现在过得好，不辜负老师的培养就好了。"

可是紫夏依然不依不饶地抽泣着，因为没有人知道她真正的心结：高考开始前不久，她有些情绪，开了小差，导致高考功亏一篑，辜负了老师和家长的期望。她本又是个心比天高的姑娘，又想起目前的工作，虽不是太差，可比理想中的差太多了。都是当年那一念之差，怎不让人长吁短叹，耿耿于怀。

从紫夏的这个例子不难看出，人在内心产生负面情绪时容易引起联想的心理动向，就像多米诺骨牌一样，不断地波浪式地向前翻滚。紫夏就是在想起了师生之谊后，联想到了父母对自己的期望，高考时自己可悲可叹的心理波动以及当下所处的不理想的境遇……这些都成了促进情绪发展的重要因素，起到了推波助澜的作用。

在所有文学作品中描绘的哭泣里，《红楼梦》里林黛玉的流泪应该是最为经典的印象了。她常常为一些看起来莫名其妙，但细思之令人肝肠寸断的事情而哭。再加上按照书中的说法，黛玉本就是天上的绛珠草，来人间用眼泪来还神瑛侍者的浇灌之恩的，便又增添了几分神秘色彩。而书中几处流泪的场景也为历代红学家反复分析和讨论，对于其具体的象征与原意，经众说纷纭也未有定论。

林黛玉不经意间听见悠悠扬扬传来的戏文唱词，是《西厢记》中的"花落水流红，闲愁万种"，突然她有所感触，忽又想起前日见古人诗句中有"水流花谢两无情""流水落花春去也，天上人间"之句，于是都一时想起来，凑聚在一处。仔细忖度，不觉心痛神痴，眼中落泪。

……薛宝钗送了林黛玉一些南边的土物，黛玉见了家乡之物，触物伤情，想起父母双亡，又无兄弟，寄居亲戚家中，不觉得又伤起心来。

……黛玉便哭道："如今新兴的，外头听了村话来，也说给我听，看了混账书，也来拿我取笑儿。我成了爷们解闷的。"一面哭着，一面下床来往外就走。

……紫鹃收起燕窝，然后移灯下帘，服侍黛玉睡下。黛玉自在枕上感念宝钗，一时又羡他有母有兄；一面又想宝玉虽素昔和睦，终有嫌疑。又听见窗外竹梢蕉叶之上，雨声渐沥，清寒透幕，不觉又滴下泪来。

——曹雪芹《红楼梦》

书中描绘黛玉哭泣的场景不一而足，有的是想起身世触景伤怀，有的是悲秋伤春感叹时光，有的是为内心的情感无人读懂，甚至有的就是作为纯粹的行为艺术而哭。可以说黛玉流泪的多元化情愫，正从侧面反映了人在哭泣时复杂的心理状态，很多情况不是因为单单的一件事，而是因为一件事而联想到其他相关的伤心事，引起综合的连锁反应以后产生的行为。

因此，懂心理的女人在看到周围的人流泪时，不会盲目地从表象的原因去劝导对方，而是会积极地用移情的方式尽量和对方的情感动向保持一致，在读懂了对方内心深处的伤心情怀之后，再陪着对方一起走出伤感的旋涡。这里的关键就是要了解对方流泪背后的真正原因，而且很可能是存在复杂交织的综合原因，聪明的女人面对这种情况时一定懂得耐心梳理，在真正读懂对方以后，再去寻找解开心结的方法。

走在寻找幸福路上的女人不会漠视身边处于悲情状态的可怜

人，尤其是其他女人。因为在情感荒芜的城市荒漠里，人是需要互相安慰和开解的。更何况是同为处于社会相对弱势地位的女人，她们更应该互相理解，互相鼓励，互相扶持着为梦想而前进。当女人们处于悲伤委屈的负面心理状态时，周围人的理解和关怀无疑可以让她们宽慰很多、释怀很多，因为本身女人就非常感性和敏感，甚至是为情感而生的。女人必须支持女人，当你能够把柔情和其他女性联系在一起，和她们达成更亲密的心灵感应的时候，那种默契的幸福感就油然而生了。

客观面对笑容，体会多种含义

"有一种东西，比我们的面貌更像我们，那便是我们的表情；还有另外一种东西，比表情更像我们，那便是我们的微笑。"笑容本是畅快心绪的纯真表达，它是人在快乐地享受生命过程时，发自内心的惬意情绪的表达。但是到了现代，出于种种现实目的，笑容开始被人们扭曲到其他负面意义上去，让原本简单的事情变得复杂。

人们开心的时候便会微笑，这是一种最简单易懂的心理反应机制，也符合大家普遍的认知习惯。但随着社会环境的异化，人的思想也逐步脱离自然倾向，原本简单的笑容被赋予了各种"偏门"的意义。就像最近流行的对微信笑容的"搞笑解读"一样，本来就是一个简单的微笑符号，却因为这种过度解读而失去了它原本的意义，被演绎为一个具有各种象征和隐晦意义的表情。它既能表示开心，也能表示生气，既能表示嘲讽，也能表示不屑，当一个不是非常熟的人跟你发了一个微笑表情的时候，心里还真是七上八下搞不清其真实意图呢！

　　陈琛的专业是环评设计，毕业后来到一家设计公司工作，凭借着踏实肯干的工作态度和积极主动的学习精神，很快就得到了老板和同事的认可。终于在一个月以后，得到了她的第一个设计任务，陈琛对此非常开心，也非常重视，加班加点儿地把自己的设计初稿完成了。看着自己精心设计的样稿，她自觉挺完美，甚至有些扬扬得意，并第一时间递交给了老板审阅。

　　陈琛此后便焦急地等待着老板的批复意见，但左等也不来，右等也不来。她实在耐不住，便给老板发了条信息，问自己的设计怎么样，但老板只给他发了一个微笑的表情。这让陈琛从等待的焦虑又进入了迷惑的惆怅中，想了一下午也不知道是何用意，连饭也吃不下。只好请教旁边的一位同事。他笑了笑，让她把设计稿拿过来，然后两人一起讨论并对其进行了改善。这时，陈琛才发现原来自己的作品里出现了那么多不合理的地方，改好了以后，陈琛又给老总发了过去。

　　这次，老总不一会儿就让她来自己的办公室谈设计，他说："我第一次之所以没有跟你明说，是不想打击你的积极性，因为我知道你的态度是好的，所以想让你主动查找自己的问题，没想到你的悟性还可以，立刻就心领神会了。现在你的稿子基本没有大问题，可以使用了。"陈琛长出了一口气，回想起自己的自以为是，不禁有些不好意思，好在自己能参透那个微笑背后的意思，否则就真的辜负了老总的一片苦心了。

　　现代社会各种奇怪思潮涌动，一个小小的微笑符号也能被搞出很多名堂来。因此，女人在解读他人的笑容时，无论是实际生活中的还是网络虚拟世界里的，都需要根据即时场景，根据不同类型的对象，来判断其真实含义，这样才能在沟通交流的过程中始终把握正确的方向。

真是当头一棒！我看了两三行，连忙把报纸藏起来，我害怕让她看见。她找到了报纸，她的笑容一下子完全消失。这一夜她再没有讲话，早早地进了房间。我后来发现她躺在床上小声哭着。一个安静的夜晚给破坏了。今天回想当时的情景，她那张满是泪痕的脸还在我的眼前。我多么愿意让她的泪痕消失，笑容在她憔悴的脸上重现，即使减少我几年的生命来换取我们家庭生活中一个宁静的夜晚，我也心甘情愿！

——巴金《随想录》

巴金爷爷那个年代的纯真笑容，现在已经越来越稀缺了，往往都是带有虚情假意的笑，让人拿不准。看到别人笑了心里也没底，搞不清背后是不是有什么别的用意，着实令人心累。但问题摆在面前总要去积极应对，女人在社交过程中总要面对各式各样的笑容，因此还是要尽量搞清楚他们的真实含义，才有利于沟通的顺畅进行。

其实相比较微表情透露出的信息，更多决定笑容本质的是你和对方之间的微妙关系。当你真诚地帮助了一个人，他会对你报以感激的笑，虚情假意的关心则只能换回一个礼仪式的笑容；你努力投入的工作取得了实际效果，老板会给你认可的笑容，但如果你只是表面做做样子，那也只能得到一个意味深长的让你惴惴不安的笑。

　　同样，当你甘愿为社会付出的时候，得到的通常是敬慕的笑，反之，则会是轻蔑的笑容；当你拿出真心对待朋友的时候，会得到真诚的微笑，而虚伪的态度只会让你得到阴沉、冷漠的笑；当你放低姿态，平易近人地亲切待人时，会得到同样轻松自然的笑，而如果装腔作势，故弄玄虚，只会换来紧张而有距离感的笑容。

　　所以，你看到的笑容其实大都是自己行为的产物，你对别人施加的行为和态度也大多会以同样的形式反馈到自己身上。聪明的女人看到另有玄机的笑容时，不会先讥讽对方的不真实，而是会先反思自己是不是某些地方对人不够诚挚，或是某些地方让人产生了误解。因为无论什么人做什么事，都不是无缘无故的，都有一定的前因后果。懂心理的女人在与人交往时总会先拿出自己的诚意，因为她们相信付出与回报的必然关系，她们会率先敞开自己的胸怀，以诚对人，这样迎接她们的也必然是诚挚而自然的笑容，也必然是发自内心的美丽的微笑。在微笑的沐浴下，女人必然是幸福的，因为生命的意义就是追求真善美，那也是幸福的最终源泉。